应用型高等学校**实验教学**示范系列教材

C语言程序设计实验指导

蔡木生 黄君强 毛养红 等 编著

清华大学出版社
北京

内容简介

本书是《C程序设计(第四版)》(谭浩强,清华大学出版社出版)的配套实验指导书,全面介绍C语言程序设计的基本概念、基础知识、基本技能和常用算法,涵盖了C程序的开发环境、数据类型与表达式、控制结构、数组与字符串、函数、指针、结构体、位运算和预处理指令、文件操作、共用体和枚举类型等内容。全书包含了17个C语言基础实验和两个综合案例:基础实验中提供了近80个例题,每一例题给出了编程思路、程序代码、运行结果截图供读者学习、参考;每一实验还提供4～6个基础题(必做)和2～4提高题(选做)两类练习,只要读者按要求独立完成,即可熟知C语言的基本概念、基础知识;两个综合案例旨在提高读者分析问题、解决问题、程序实现的能力。

本书从初学者的角度出发,循序渐进组织、安排内容,具有突出重点、化解难点、注重编程思维的培养等特点;书中还介绍了Visual C++常用调试技术、使用UltraEdit等工具查看文件字节内容、分析stdio.h组成等实用技能,以加深对C语言相关知识点的理解。

本书适合作为高等院校“C语言程序设计”课程的实验指导书,也可以作为读者学习C语言的参考资料。

图书在版编目(CIP)数据

C语言程序设计实验指导/蔡木生,黄君强,毛养红等编著. —北京:清华大学出版社,2014(2018.8重印)
应用型高等学校实验教学示范系列教材
ISBN 978-7-302-36843-4

Ⅰ.①C…　Ⅱ.①蔡…②黄…③毛…　Ⅲ.①C语言－程序设计－高等学校－教学参考资料
Ⅳ.①TP312

中国版本图书馆CIP数据核字(2014)第127821号

责任编辑:张　玥　赵晓宁
封面设计:常雪影
责任校对:李建庄
责任印制:刘海龙

出版发行:清华大学出版社
网　　址:http://www.tup.com.cn, http://www.wqbook.com
地　　址:北京清华大学学研大厦A座　　**邮　　编**:100084
社 总 机:010-62770175　　**邮　　购**:010-62786544
投稿与读者服务:010-62776969, c-service@tup.tsinghua.edu.cn
质量反馈:010-62772015, zhiliang@tup.tsinghua.edu.cn
课件下载:http://www.tup.com.cn,010-62795954
印 装 者:北京九州迅驰传媒文化有限公司
经　　销:全国新华书店
开　　本:185mm×260mm　　**印　　张**:14.75　　**字　　数**:367千字
版　　次:2014年9月第1版　　**印　　次**:2018年8月第3次印刷
定　　价:29.50元

产品编号:059669-01

前 言

C语言是一种通用的、过程化的编程语言，由于它具有高效、灵活、功能丰富、表达力强和较好的可移植性等特点，广泛应用于系统软件和应用软件的开发之中，深受程序员的青睐，已成为当今最为流行的编程语言之一。因此，"C语言程序设计"始终是高等学校的一门基本的计算机课程，也是众多青年学生跨入"程序设计"殿堂的首选语言。然而，由于C语言涉及面广、内容丰富、使用灵活，要学好它并不容易，我们在教学过程中时常听到学生感慨："函数之前内容好理解，到了函数有点晕，见了指针稀里糊涂，对于文件操作就不想学了"、"我能看懂别人的代码，但自己不知道怎么写"等。这些情况表明在C语言教学过程中"如何讲授各知识点，让学生理解其基本概念，掌握常用算法，提高编程能力"还有许多工作要做。现在C语言方面的优秀教材不少，但适合教学的实验指导书寥寥无几，本书旨在这方面做一些尝试。

本书是根据多位老师的教学经验、体会编写而成的，具有以下几个特点：

(1) **内容全面、系统，适用于高校C语言程序课程实验教学**。考虑到一些高校把"C语言程序设计"作为平台课程进行教学，在内容选取上比较全面、系统，既包含数据类型与表达式、控制结构、数组与字符串、函数、指针、结构体等基本内容，又包含位运算和预处理指令、文件操作、共用体和枚举类型等提高内容，这样就能满足上层软件开发、嵌入式系统、游戏开发等不同专业学生的教学需要，有助于全面认识C语言；由于大多数高校将"C语言程序设计"教学安排在一个学期完成，我们把C语言的主要内容分布在17个实验中，每周对应一个实验，而对循环结构、数组、函数、指针、文件等则安排在2～3个实验中，这样有利于实验的渐进实施和重要内容的消化、掌握；在编排顺序上，把"结构体"内容放在"指针"之前，以免读者因害怕指针内容而影响结构体知识的学习，在"文件操作"之前安排了"位运算和预处理指令"，这样能让读者更好地理解二进制文件和FILE类型。

(2) **从初学者的角度出发，循序渐进组织、安排内容，突出重点、化解难点，注重编程思维的培养**。在所有基础实验中，均包含了实验目的、知识要点、实验内容和步骤三部分内容："实验目的"规定了实验的目标、要求；"知识要点"对实验涉及的基本概念、基础知识、基本技能和常用算法等进行阐述，并配有多幅图表加以说明；为帮助读者应用所学知识，在基础实验中都包含6个例题，每一例题给出了编程思路、程序代码、运行结果截图（黑底白字增加控制台程序运行的真实感）；通过设置问题、提示、注意等小项，引发读者思考、对有关知识点的区分和重视；"实验内容和步骤"则指明实验的具体内容和步骤，包含了基础题（必做）和提高题（选做）两类练习，共有120多套题目，题量和难度适中。

(3) **突出实用性，提高综合编程能力**。学好C语言的前提是加强上机实践，解决实际问题，掌握一些实用技术。本书在这方面进行了一些探索：实验1以Visual Studio 2008/2010为例介绍C程序的运行环境和运行方法，在实验10中介绍Visual C++常用调试技术，在实验12通过输出变量地址和变量值以了解不同类型数据的存储方式，实验15中分析了stdio.h文件的宏定义、条件编译的部分内容，在讲解文件操作时，要求读者能借助于UltraEdit等工具查看文件各字节内容，依此体验文本文件与二进制文件的差异，这些举措有利于读者真正理解C语言的相关概念。前17个实验主要是为了理解C语言的基本概念、常用算法，程序代码一般都比较简短(通常不超过50行)，学以致用是目标，所以，在最后安排两个综合案例，以提高读者分析问题、解决问题、程序实现的能力，第一个案例给出了编程的基本思路，仔细分析之后还是比较容易实现，但第二个案例只给出了模块功能和结构体成员，实现难度要比第一个案例稍大一些。只有经过相当数量的编程训练，才能掌握一门计算机语言，这是经过无数事实证明的结论。

本书反映广东省应用型高等院校质量工程的实验教学示范中心项目在广州大学华软软件学院的“教改”实践，凝集着7位从事C语言课程教学老师的辛勤汗水。本书实验1～实验3由束建薇编写；实验4～实验6由蔡木生编写；实验7和实验8由陈华珍编写；实验9～实验11由毛养红编写；实验12～实验14由邹立杰编写；实验15和综合案例2由王健编写；实验16、实验17和综合案例1由黄君强编写；全书由蔡木生审阅、定稿。

本书在编写过程中，得到了广州大学华软软件学院省实验教学示范中心主任许克静教授的关心、支持与帮助，在此表示衷心感谢！

由于作者水平有限，加上写作时间仓促，不当之处在所难免，恳请读者批评、指正。

编　者

2014年7月于广州

目录

实验1　C程序的运行环境和运行方法

1.1　实 验 目 的

(1) 熟悉 Visual Studio(VS) 2008/2010 的下载、安装及使用，能够在集成开发环境 IDE 中编辑、编译、链接、运行 C 程序。

(2) 熟悉 C 程序的基本结构，能够参考例题代码编写简单 C 程序。

(3) 熟悉 C 语言中注释的用法。

1.2　知 识 要 点

1. VS 2008/2010 下载

从互联网或校园网中下载 VS 2008/2010 的安装程序，若是 iso 文件，可解压或先安装虚拟光驱软件(也可从互联网或校园网中下载)。

2. VS 2008/2010 安装

运行 VS 2008/2010 的安装程序，在向导的指引下，分步执行，还可安装 MSDN(它是 Microsoft Developer Network 的简称，是微软公司面向软件开发者的一种信息服务)。

3. VS 2008/2010 使用

启动：在“开始”→“程序”菜单中选择打开 VS 2008/2010，如图 1-1 所示。

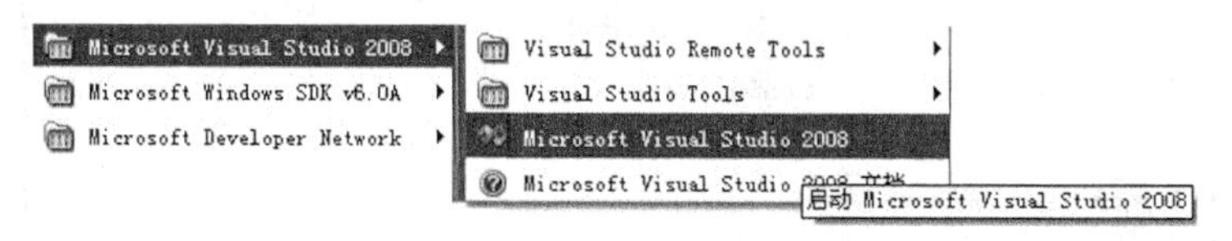

图 1-1　“开始”菜单选择 VS 2008/2010

如果是第一次运行 VS 2008/2010，将看到如图 1-2 所示的界面，需要设置配置文件，通常选默认即可。

4. 创建、运行一个 Visual C(VC)控制台项目

(1) 新建项目，选择“文件”→“新建”→“项目”命令，如图 1-3 所示。

(2) 在“新建项目”对话框中选择 Visual C++ →Win 32→“Win 32 控制台应用程序”，如图 1-4 所示。

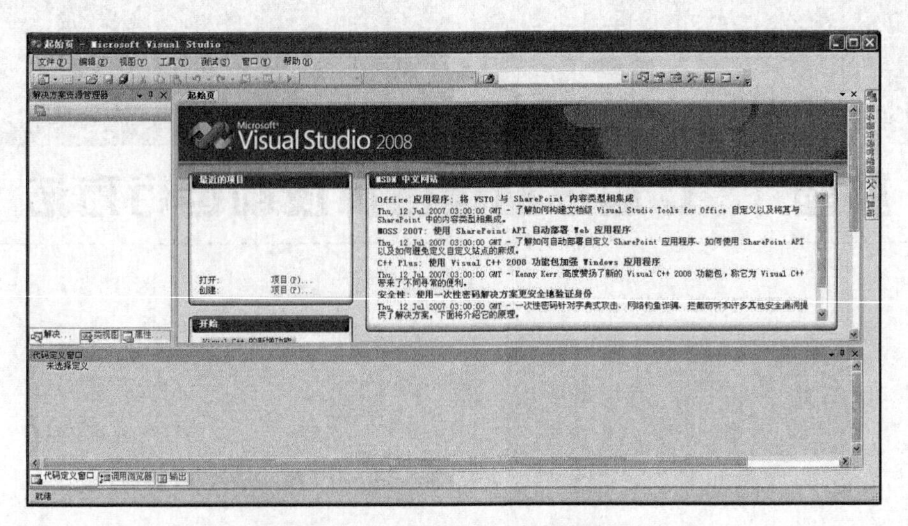

图 1-2　VS 2008/2010 的环境配置

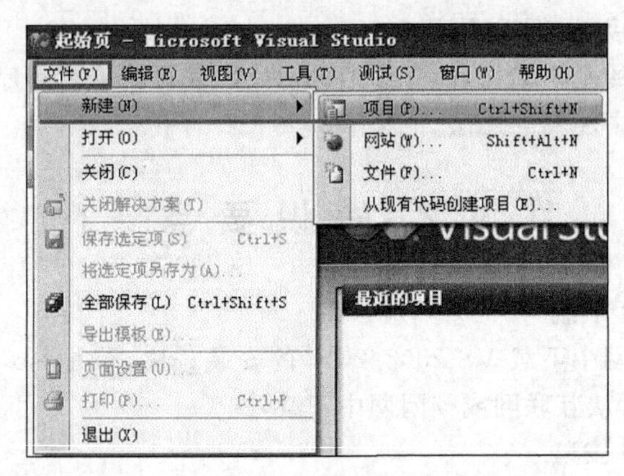

图 1-3　新建项目

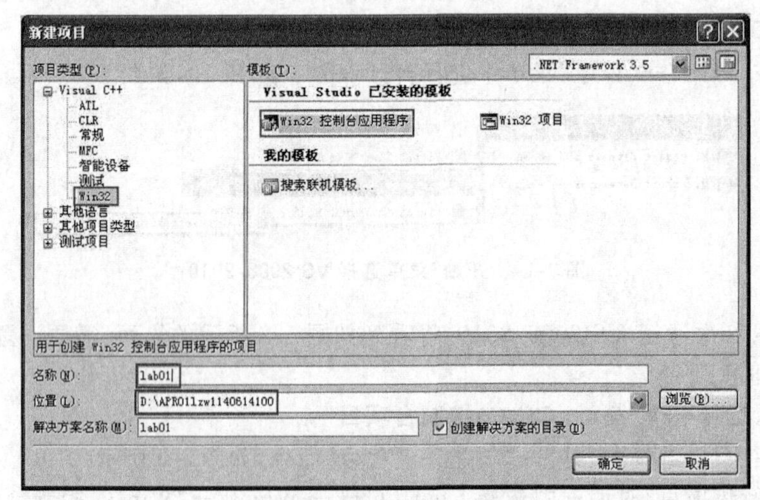

图 1-4　设置新建项目类型

注意：这里的名称是指项目名称，位置是指项目存放位置。

建议：本课程的实验代码可存放于 c_code 目录中，实验内容存放于该目录下对应的子目录 lab_x(x 为实验序号)中，每题的项目名称为 lab_x_y(y 为题号)。例如，第 1 次实验第 2 小题的项目名称为 lab_1_2，存放在 c_code\lab_1 目录下，实验代码应妥善保存。

全部设置完成后单击“确定”按钮。

(3) 单击“确定”按钮后，会有一个 Win 32 应用程序向导。单击“下一步”按钮。应用程序类型选择“控制台应用程序”单选按钮，附加选项为“空项目”复选框。然后单击“完成”按钮即可，如图 1-5 所示。

(4) 编辑、运行 C 程序 (C++ 涵盖了 C 内容，C 程序可以直接在 C++ 环境运行，下同)。

① 选中“解决方案资源管理器”的源文件，右击，在弹出的菜单中选择“添加”→“新建项”命令，如图 1-6 所示。

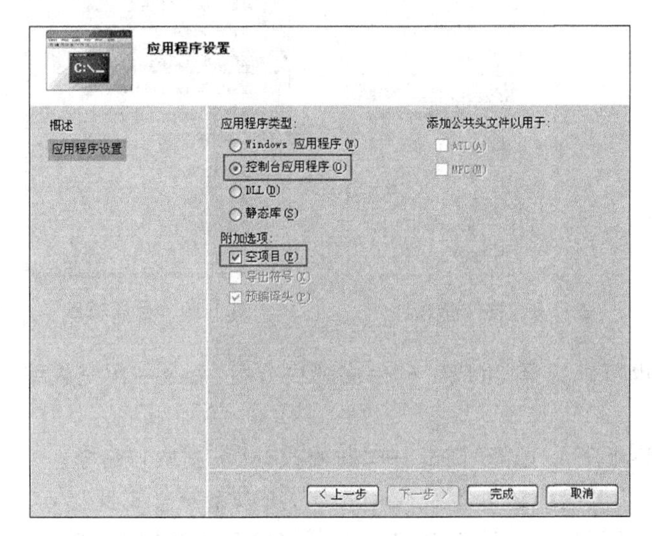

图 1-5　Win 32 应用程序向导

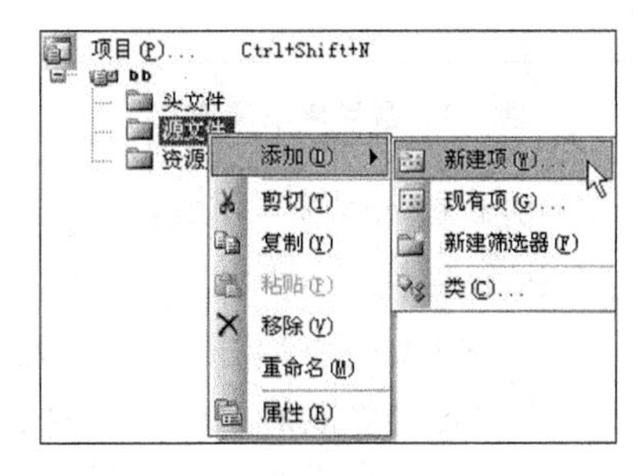

图 1-6　添加源文件

② 在类别选项卡中选择“代码”，然后选择右边的“C++ 文件(. cpp)”模板，并填上名称(源文件名，可以与项目名称相同或不同)，此处的扩展名可以为 c(默认为 cpp)，如图 1-7 所示。

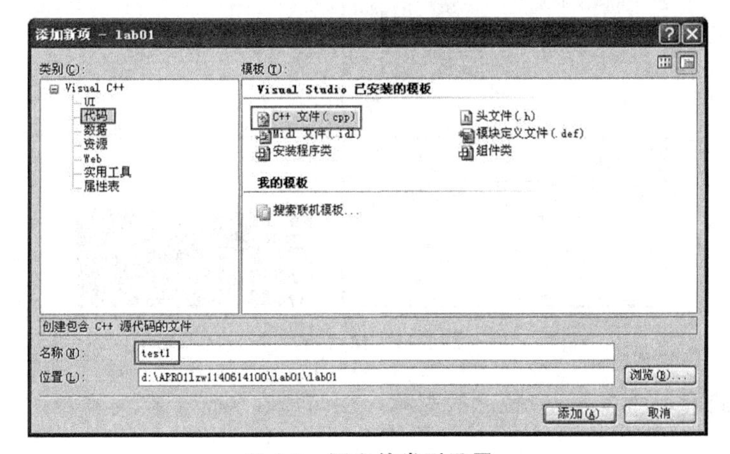

图 1-7　源文件类型设置

③ 单击“添加”按钮，系统将新建一个空白的源程序编辑窗口以供编辑。输入代码，如图 1-8 所示。

注意：C/C++ 是严格区分字母的大小写的，代码中的＜＞、( )、{ }、"、; 等均为英文字符，不得为中文字符(字符串内容除外)。

④ 选中“解决方案资源管理器”的某个源文件，右击，在弹出的菜单中选择“编译”命令，或选择某个源文件后按 Ctrl+F7 键进行编译(也可以选择菜单)，如图 1-9 所示。

⑤ 选择“生成”→“生成 xxx”(xxx 是项目名)命令，进行链接，如图 1-10 所示。

```
#include <stdio.h>
int main( )
{
    printf ("This is a C program.\n");
    return 0;
}
```

图 1-8 源程序编辑窗口

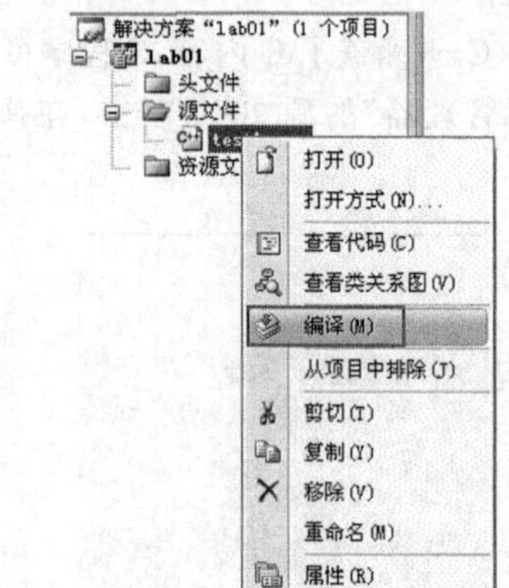

图 1-9 编译源文件

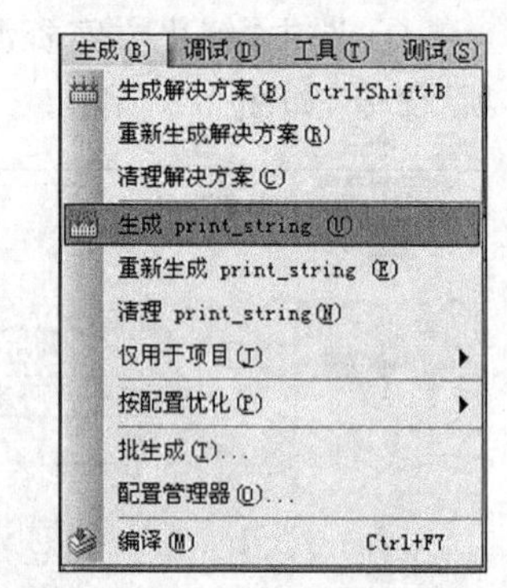

图 1-10 生成项目

步骤④和⑤是分别编译、链接，也可以选择“生成”→“生成解决方案”命令一次完成编译与链接。

⑥ 按 Ctrl+F5 键运行应用程序，也可以选择“调试”→“开始执行(不调试)”命令。

由于这是修改后第一次启动程序，但系统还未生成应用程序，所以系统会有此提示。单击“是”按钮让系统自动编译生成应用程序，系统就会启动编译好的程序(控制台界面)如图 1-11 所示。

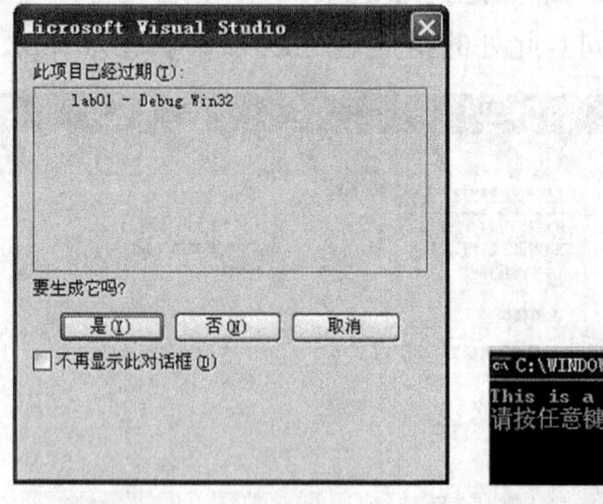

图 1-11 执行程序

说明：不同版本的 Visual Studio(简称 VS)可能在界面上存在着差异，以实际安装的软件为准。

课外操作：请每一位学生在自己的计算机上下载、安装 VS 2008/2010，并将有关例子代码在计算机上编辑、运行。

5. C 语言程序的基本结构

一个 C 语言程序由一个或多个源程序文件组成，通过项目来组织。要运行 C 语言程序，首先要创建项目，这在前面的操作中已明确。

一个源程序文件中可以包括三个部分：预处理指令、全局声明和函数定义。

(1) 预处理指令：用#开头的行，如#include <stdio. h>（尾部无分号;），它通知编译器该程序文件要包含的头文件 stdio. h，此头文件包含了与标准输入输出库相关的函数声明等信息（如 printf()、scanf()等声明）。

(2) 全局声明：在函数之外进行的数据声明。

(3) 函数定义：指明函数如何实现相应的功能。

函数(function)是 C 程序的主要组成部分，请求一个函数来完成给定的任务叫做函数调用。一个 C 程序含有一个或多个函数，其中必须包含一个名为 main 函数（且只能有一个），其返回值通常为 int 或 void。程序总是从 main 函数开始执行。简单的 C 语言程序如下：

【例 1-1】 计算一个整数的平方并输出。

```
#include<stdio.h>                      //预处理语句
int main()                             //main()函数定义
{                                      //函数体的开始
    int x,x2;                          //定义两个整型变量 x 和 x2
    printf("请输入整数 x 的值: ");      //调用 printf()输出提示信息
    scanf("%d",&x);                    //调用 scanf()输入整数给变量 x,要取 x 的地址
    x2=x*x;                            //计算 x 的平方,赋值给变量 x2
    printf("%d 的平方是%d\n",x,x2);    //调用 printf()输出结果信息
    return 0;                          //main()函数调用完后,返回一个整数值给操作系统
}                                      //函数体的结束
```

程序运行结果如图 1-12 所示。

```
请输入整数x的值: 8
8 的平方是64
```

图 1-12　例 1-1 程序运行结果

6. C 语言程序的注释

功能：提高程序的可读性，不产生目标代码。对程序的数据、变量、语句、设计思想进行说明，正规程序的注释行数量占到整个源程序的 1/3 到 1/2，它们是程序员之间沟通的基础。编程时写上必要注释，这种良好习惯的培养应从早开始。

类型：有两种，//(行注释)和/*… */(块注释)。

//注释：注释范围是从//开始，到换行符结束。可单独占一行，也可出现在内容的右侧。

/*…*/块注释：注释范围是从/*开始，到*/结束。可小至一行中的某一块范围，或大至多行、多页。

7. C语言程序设计的基本过程

(1) 问题分析和算法设计：先分析问题，了解“做什么”，然后逐步明确“怎么做”，即解决问题的方法和步骤，这称为算法设计。

(2) 编写代码：在集成开发环境(如 VS 2008/2010)中建立源程序文件(.c)，输入代码。

(3) 编译、链接程序：源程序经编译之后形成了用二进制代码表示的目标程序 obj，obj 文件与编程环境提供的库函数进行链接，才得到可以直接运行的可执行文件。现在的许多集成开发环境都可以将编译、链接步骤合在一起，如 VS 2008/2010 中的“生成 xxx”(xxx 为项目名)即具备此功能。

注意：在编译、链接阶段可能出现错误，需要改正之后重新编译、链接。

(4) 执行、调试程序：运行生成的 exe 文件可得到结果，如果正确则结束；否则，还需通过设置断点、观察变量等手段来查明错误原因，再修改源程序，这就是程序调试。

8. 初学者编写代码时容易犯的错误

(1) 语句行结束无分号(;)，如 int a,b,c。

(2) 在字符串之外的地方使用了中文标点符号或汉字，如 printf(“请输入 a、b、c 的值：”)。

(3) 函数无圆括号(())、函数体无大括号({ })，如“main int x; … ”。

(4) 英文字符不区分大小写、单词拼写错误，如＃Includ ＜stdio. h＞ 。

(5) 变量未先定义、直接使用，如 sum＝a＋b；(未定义变量 sum)。

(6) 调用 scanf 函数时，控制符格式不对，未取变量地址，如“double d; scanf("%d",d);”。

(7) 调用 printf 函数时，控制符格式不对，如“int x＝10,y＝200;printf("x＋y＝%d",x,y,x＋y);”。

(8) 分不清符号\与/，常把换行符‘\n’写成‘/n’。

(9) “画蛇添足”，在预处理语句后加分号(;)，如“＃include ＜stdio. h＞;”。

(10) 不理解空格的作用，将标识符或关键字强行分开，如“int x y z;”(本意定义变量 xyz)。

1.3 实验内容与步骤

(1) (基础题)根据相关文档内容，教师先讲解、演示，学生再完成下列任务。

① 了解 VS2008/2010 的下载、安装。

② 熟悉 VS2008/2010 的启动、建立新项目，编辑、编译、链接、运行下列代码(项目名称为 lab_1_0)：

```
#include<stdio.h>
int main()
{
    printf ("This is a C program.\n");
    return 0;
```

```
}
```

③ 在项目的存放目录中查看对应的c、obj、exe文件。

```
#include <stdio.h>
int main( )
{
    printf ("C语言功能强大、使用灵活.\n");
    printf ("This is my first C program.\n");
    return 0;
}
```

图1-13　程序代码

操作内容：请学生建立新项目(lab_1_1)，输入如图1-13所示的代码，并编译、链接、运行(独立完成)。

问题：C程序的编译、链接、运行可以一次性完成吗？清理、重新生成项目(或程序)有什么作用？

(2) (基础题)请学生先分析以下程序段中各语句的功能。

```
#include<stdio.h>
int main()
{
    int a,b;
    double mid;
    printf("请输入两个整数(用逗号隔开):");
    scanf("%d,%d",&a,&b);
    mid= (a+b)/2.0;
    printf("%d 与%d 的均值为%f.\n",a,b,mid);
    return 0;
}
```

再编译下列程序，修改其错误，然后运行程序。

```
#include <stdio.h>;
main( )
{
    int a
    scanf("%d",a);
    printf("%d * %d= %d",a,a,a* a);
}
```

(3) (基础题)请参考例题代码，编写相应的C程序，输出如图1-14所示的图案。

(4) (基础题)1英里等于1.6093千米，编写一个程序，计算123.456英里换算成多少千米？程序输出结果形式为xxx miles=yyy km(说明：这里的xxx、yyy表示任意数字)。

(5) (提高题)请参考有关C程序代码，按照下列要求，写出相应的C程序，并加以运行。输入圆的半径，输出其周长与面积。

```
    *
   **
  ***
 ****
*****
```

图1-14　程序运行图案

(6) (提高题)请按下列要求运行程序，熟悉C语言的注释用法，再回答相关问题。

① 运行如下程序：

```
#include <stdio.h>
int main()
{
    printf("How do you do!\n");        //这是行注释,注释范围从//起至换行符止
    return 0;
}
```

② 把第 4 行改为如下语句,再运行程序。

```
printf("How do you do!\n");          /*这是块注释*/
```

③ 把第 4 行改为如下两行语句,再运行程序。

```
printf("How do you do!\n");          /*这是块注释*,如果一行写不完,可以在下一行继续
                                      写,这部分代码均不产生目标代码*/
```

④ 把第 4 行改为如下语句,再运行程序。

```
//printf("How do you do!\n");
```

⑤ 把第 4 行改为如下语句,再运行程序。

```
printf("//How do you do!\n");        //在输出字符串中加入"//"
```

⑥ 用块注释把几行语句都作为注释。

```
/*printf("//How do you do!\n");
return 0; */
```

实验 2 数据类型与表达式

2.1 实验目的

(1) 熟悉基本数据类型(int、char、float、double)占用的字节数和存储形式，能够定义基本数据类型的变量，使用这些类型的数据。

(2) 掌握字符数据的存储形式及其与整数的运算，能正确理解“字符数据”与“字符串”的区别与联系，熟悉常用转义字符的使用。

(3) 熟悉字符常量与一般常量的定义、使用。

(4) 掌握算术运算符(重点是/和%)、自增(++)和自减(--)运算符的使用，能够构建正确的表达式，并输出其结果。

(5) 理解不同类型数据之间运算时的类型转换规则，掌握强制类型转换的方法。

2.2 知识要点

1. 数据类型

在现实生活中，人们会接触到许多数据，数据的性质可能存在着较大差异。程序设计需要考虑数据的不同表现形式和操作方法。

在计算机高级语言中，为适应不同性质数据的差异，需要用不同类型的数据来表示。C语言的数据类型非常丰富，包括基本类型、构造类型、枚举类型、空类型等。基本类型是最常使用的数据类型，需要首先掌握。Visual C++ 的基本数据类型如表 2-1 所示。

表 2-1 Visual C++ 的基本数据类型

分 类	类型名称	关 键 字	数据长度(字节数)
整型	整型	int	4
	短整型	short int	2
	长整型	long int	4
	字符型	char	1

续表

分　类	类型名称	关键字	数据长度(字节数)
浮点型	单精度浮点型	float	4
	双精度浮点型	double	8
空类型	空类型	void	0

1）整型

根据占用存储单元长度的不同，整型可进一步细分为基本型、短整型、长整型等。若在类型关键字前加上 unsigned 说明符，还可以构成多种无符号数据类型。整型数据是以补码形式精确表示的，不同类型数据所占的字节数不同，其表示的数据范围也不同；一个整型数据占用多少个字节，与系统和编译器规定有关。可以用 sizeof 运算符进行测试。例如，"printf("%d",sizeof(long int));"和"printf("%d",sizeof(123.456));"分别测试 long int 和 double 类型数据所占字节数。如无特别说明，均指在 Visual C++ 系统中的数据占用长度。

2）字符型

由一个字符组成，占用一个字节，存储的是字符对应的 ASCII 码，可与整型数据进行运算。输出内容由格式控制符指定，如"char ch=97; printf("%c,%d\n",ch,ch);"，输出结果为 a、97。

注意：'a'与"a"不同，前者是字符型数据；后者是字符串。有关字符串内容，将在实验 8 介绍。

3）浮点型

浮点型是用来表示具有小数点的实数的。在 C 语言中，实数以指数形式存放在内存存储单位中，通常包含数符、小数、指数三部分。根据所占字节数多少的不同，可分为单精度浮点数(float)、双精度浮点数(double)。

在 Visual C++ 中，float 型数据占 4 字节，精确到 6 位有效数字，范围为 $-3.4\times10^{38}\sim3.4\times10^{38}$；double 型数据占 8 字节，精确到 15 位有效数字，范围为 $-1.7\times10^{308}\sim1.7\times10^{308}$。

2. 常量和变量

1）标识符

在 C 语言中，有许多符号需要命名，如变量名、函数名、数组名等，这些符号称为标识符。

标识符的命名规则是，由字母、数字、下划线组成，并且第一个字符必须为字母或下划线。例如，temp、x2、_a 等都是合法标识符，2x、p+q、x.y、a&b 等则是非法标识符。

建议：命名时最好"见名知意"，多采用单词、拼音、下划线等。

标识符可分为三类：关键字、预定义标识符和用户定义的标识符。关键字有 50 多个，如 for、while、if、else、int 等，它们有固定含义，不能另作他用；此外，C 语言还预先定义了一些有特定含义的标识符，如库函数名(printf 等)、预处理命令(define 等)，也不建议使用这些标识符。

2）常量

顾名思义，常量是指在程序运行过程中，其值保持不变的量。常量包括整型常量、实型常量、字符常量和字符串常量等。

(1) 整型常量。

常用的整型常量有十进制整数、八进制整数和十六进制整数。

十进制在生活中经常使用,不必多说。八进制数由0开头,后接0~7的数学构成,不带符号位,隐含为正数,如012、0377、04056等;十六进制整数由数字0和字母x(大、小写均可)开头、后接若干个十六进制数字(0~9,A~F或a~f),与八进制整数相同,十六进制整数也是正数,如0x0,0X25,0x1ff等。

注意:如果整数后缀有字母u(或U,大、小写等效),则将它视为一个无符号整型(unsigned int)数;若后缀有字母l(或L,大、小写等效),则将它视为一个长整型(long int)数。

(2) 符号常量。

符号常量就是用一个指定的标识符来表示常量,习惯上标识符用大写字母。

【例2-1】 计算30×10的结果并打印。

```
#include<stdio.h>
#define PRICE 30
int main()
{
    int num,total;
    num=10;
    total=num*PRICE;
    printf("total=%d",total);
   return 0;
}
```

使用符号常量的好处:含义清楚;能做到“一改全改”。

(3) 字符常量。

普通的字符常量:用一对单引号括起来的一个字符,形式为'单字符',如'a','%','A'等,严格区分大小写。

注意:'ab'是错误的,为什么?

转义字符:即是改变原先字符的含义,实现特定功能。格式为'\特定字符'。例如,'\n'(换行功能),'\t'(下一制表位),如表2-2所示。

表2-2 常用的转义字符

转义字符	含义	ASCII码值(十进制)	转义字符	含义	ASCII码值(十进制)
\a	响铃(bell)	7	\\	反斜杠	92
\b	退格(backspace)	8	\'	单引号	39
\n	换行(newline)	10	\"	双引号	34
\r	回车(carriage return)	13	\0	空操作符(null)	0
\t	水平制表(horizontal tab)	9	\ddd	任意字符	三位八进制数
\v	垂直制表(vertical tab)	11	\xhh	任意字符	二位十六进制数

(4) 字符串常量。

格式:"…"用一对双引号括起来的字符序列(字符个数可以0、1或多个,也可以是转义字符和控制字符),起标识、提示作用,如"Good Morning!","华软软件学院"等。

存储:在内存中占一串连续的存储单元,系统自动在字符串的末尾加以字符串结束标志,即转义字符'\0'。

应用举例:"printf("字符串常量");"中的格式控制符、转义字符起控制作用,其余字符原样输出。

(5) 浮点常量。

格式:有两种。

① 小数形式:1.23,0.23,−999.34,3.14159,…。

② 指数形式:1.23e5,2.3e−1,−0.999E3,…。

注意:e或E均可,e(或E)前面的是小数,后面的是整数

通常,浮点数当作double型看待。在尾部加上f或F可指定为float型。

3) 变量

顾名思义,变量是指在程序运行过程中,其值可以被改变的量。变量代表的是一个存储空间,如同房子可以住人一样,变量也可以存放数据,这称为变量值。请注意,变量与变量值不同。

C语言规定,变量要遵循"先定义,后使用"原则,编译时系统进行检查。

(1) 变量定义格式:

```
数据类型  变量名1[,变量名2,…];
```

功能:在编译时为其分配相应的存储单元。

例如:

```
double root1,root2;
```

注意:变量定义之后,如果尚未赋值,则其值是不确定的。

(2) 变量初始化格式:

```
数据类型  变量名1=初值 [,变量名2=初值,…];
```

功能:将变量的定义、赋值"合二为一",此时,变量的值是确定的。

例如:

```
int x=0,y=10;
```

3. 运算符与表达式

1) 运算符

运算符(又称为操作符):是对数据进行运算的符号,如+、−、*、/、%等。

操作数(又称运算对象):指参与运算的数据,如3+5中的3和5。

表达式:由操作数和操作符连接而成的有效的式子。表达式可以嵌套,如2+3+(5*sizeof(int))/345。

运算符分类(按操作数个数的多少划分)：

① 单目运算符：一般位于操作数的前面，如正负号(＋、－)。

② 双目运算符：运算符一般位于两个操作数之间，如 a＋b 的加号＋。

③ 三目运算符：只有一个，即是条件运算符(？：)，它含有两个字符，分别把三个操作数隔开。

提示：在学习运算符时要掌握几个要点：符号怎样书写；什么功能；操作数的多少。

优先级：用来决定运算符在表达式中的运算次序，如计算表达式 a＋b * (c－d)/e 时，运算次序依次为( )，*，/，＋。

结合性：是指表达式中出现同等优先级的操作符时，该先做哪个操作的规定。

① 从左到右：如 d＝a＋b－c(大多数表达式)。

② 从右到左：如“d＝a＝3；//C 语言规定，赋值号运算顺序是先右后左，即先进行 a＝3 运算，再将结果赋给 d”。

左值和右值：左值是能出现在赋值表达式左边的表达式，左值表达式具有存放数据的空间，允许其存放数据；右值是指出现在赋值表达式的右边部分，左值表达式也可以作为右值表达式。

2) 算术运算符与表达式。

(1) 算术运算符(有 5 个)。

① ＋，－，*：含义与数学上运算符相同。

注意：两个数相乘时，用 * 号，且不能省略。

② /：如果两个操作数均为整数，则为除法取整操作，即进行相除操作且结果为整数。

例如，5/2 得到结果 2，而非 2.5。

假若两个操作数中至少有一个为浮点数，则为通常意义的除法，如 5/2.0 得到结果为 2.5。

由此可见，“/”运算符可以对不同的数据类型进行不同的操作。

③ %：只能对整数进行操作，其操作意义是取余数。例如，5%2 得到结果 1，可用来判断整数的奇偶性。

注意：不允许对浮点数进行%运算。

(2) 算术表达式。

表达式：利用运算符和数学函数等构造的有意义式子。

例如，已知直角三角形的两条直角边，求斜边长度。

对应的表达式为 c＝sqrt(a * a＋b * b)。

3) 自增、自减运算符与表达式

(1) 运算符(有两个)：++、－－。

功能：使变量的值加 1 或减 1。

前缀 ++i、－－i：在使用 i 之前，先使 i 的值加(减)1。

后缀 i++、i－－：在使用 i 之后，再使 i 的值加(减)1。

例如：

```
int p;int i=3; p=++i;              //i的值为4,p的值为4
int q;int j=3;q=j++;               //j的值为4,q的值为3
```

注意：++、--运算符只适合于变量，不能用于常量，5++、a++b、(a++b)++都是错误的。

(2) 自增、自减表达式。

例如(只列举主要代码)：

```
int a=10;
printf("a=%d,执行b=--a;语句后:",a);
int b=--a;                         //相当于 int b;a=a-1;b=a;
printf("a=%d,b=%d\n\n",a,b);
printf("a=%d,执行c=a--;语句后:",a);
int c=a--;                         //相当于 int c;c=a;a=a-1;
```

4) 数据类型转换

有两种方式：

(1) 隐式转换(又称自动转换)：不同类型数据进行混合运算，会将两个操作数自动作适当的类型转换，然后进行运算。例如，表达式5/2.0+'A'的值为67.5。

(2) 显式转换(又称强制转换)：

格式：

```
类型名(表达式) 或 (类型名)表达式
```

例如：

```
(double)a;                         //将a转换成double类型
(int)(x+y);                        //将x+y的值转换成int型
```

2.3 实验内容与步骤

(1) (基础题)用sizeof运算符可以得到各种类型数据占用存储单元长度，利用数据间的关系和不同控制符，可以得到同一数据的不同进制形式，以此了解数据的存储方式。运行下列程序，回答相关问题。

```
#include<stdio.h>
int main()
{
    printf ("int 型数据所占字节数: %d\n",sizeof(int));
    Printf ("整数 23、456789 所占字节数分别为: %d、%d\n",sizeof(23),sizeof(456789));
    printf ("char 型数据所占字节数: %d\n",sizeof(char));
    printf ("字符\'s\'所占字节数: %d\n",sizeof('a'));
    printf ("字符串\"s\"所占字节数: %d\n",sizeof("a"));
    printf ("字符串\"CCTV 即中央电视台\" 所占字节数: %d\n\n",sizeof("CCTV 即中央电视
台"));
```

```
    int n1=13;
    printf ("%d\t%X\n",n1,n1);
    int n2=-13;
    printf ("%d\t%X\n",n2,n2);
    return 0;
}
```

说明：项目名称为 lab_2_1，下同。

问题：

① sizeof 运算符如何使用？它的操作数可以是类型关键字吗？

② 整数的占用长度与其数值大小有关吗？

③ 字符串中'\''、'\"'、'\n'、'\t'的功能各是什么？

④ 字符串的一个英文字母占几个字节？一个汉字占几个字节？尾部还有什么字符？

⑤ 整数的存储形式是什么？

(2)（基础题）字符数据以整数方式（ASCII 码）存储的，可以与整数进行＋、－运算，既可以用“字符”方式输出，也可以用“整数”方式输出。运行下列程序，回答相关问题。

```
#include<stdio.h>
int main()
{
    char ch1,ch2;
    ch1='A';
    ch2=ch1+32;
    printf("ch1 的 ASCII: %d,ch2 的 ASCII: %d,ch2 对应的字母: %c\n",ch1,ch2,ch2);

    int i1,i2;
    i1='n';                                              //将字符数据赋值给整型变量
    i2=i1-32;
    printf("i1 的值: %d,i2 的值: %d,i2 对应的字母: %c\n",i1,i2,i2);

    printf("字母: %c%c%c\n",'A'+2,'A'+1,'A');          //后续字符=首字符+n
    printf("数字: %c%c%c\n",'0'+3,'0'+1,'0'+5);        //后续字符=首字符+n
    printf("字符间距离: %d,%d,%d\n",'z'-'a','9'-'6','z'-'6');
                                                         //字符间距离=较大字符-较小字符

    return 0;
}
```

问题：

① 熟悉大小写字母、数字字符、空格等字符在 ASCII 表中的排列规律，它们的 ASCII 有什么特点？

② 字符数据在内存中是以什么方式存储的？

③ 字符数据与整型数据能相互赋值、运算吗？

④ 大小写字母的ASCII有什么关系(如：'G'与'g')？

⑤ 如何由'A'、'a'分别得到后续的大写字母、小写字母？

⑥ 字符间的距离如何计算？由一字符能分别得到ASCII比它小5、大10的两个字符吗？若能，如何得到？

⑦ 说明“C”与'c'的联系与区别，能否写成"dog"、'boy'？

课外操作：请模仿上述程序，编程分别实现如下功能：

① 由'N'、'B'、'A'三个字符得到'n'、'b'、'a'三个字符？

② 将'N'、'B'、'A'三个字符后移3个位置后得到什么字符？请输出。

(3)（基础题）符号常量与常变量(即用const关键字定义)的使用：请输入下列代码，然后运行程序，再按要求修改、运行程序。

```
#include<stdio.h>
#define PI 3.14159
int main()
{
    float radius,area,volume;
    printf("请输入半径：");
    scanf("%f",&radius);
    area=PI * radius * radius;
    volume=4 * PI * radius * radius/3.0;
    printf("半径=%f\n 圆面积=%f\n 球面积=%f\n",radius,area,volume);
    return 0;
}
```

要求：

① 请将PI值修改为3.14，体会“一改全改”功能。

② 请用“常变量”方式定义PI的值，这种方式有什么优点？

③ 请将变量area、volume的类型修改为int，程序运行结果有什么变化？

(4)（基础题）运行下列程序，体会/、%运算符的用法，再回答相关问题。

```
#include<stdio.h>
int main()
{
    int n1=7,n2=2;
    float f1=7.0,f2=2.0;
    printf ("整数相除，得到商数：%d\n",n1/n2);
    printf ("整数求余，得到余数：%d\n\n",n1%n2);
    printf ("正负整数相除，得到商数：%d\n",(-n1)/n2);
    printf ("正负整数求余，得到余数：%d\n\n",(-n1)%n2);
    printf ("两个浮点数相除，得到商数：%f\n",f1/f2);
    printf ("浮点数除以整数，得到商数：%f\n",f1/n2);
    printf ("整数除以浮点数，得到商数：%f\n",n1/f2);
```

```
    return 0;
}
```

问题：

① 运算符/的操作数有什么要求？

② 如何利用%判定整数的奇偶性？

(5)（基础题）先分析下列代码，再运行，体会++、--运算符的用法，并回答相关问题。

```
#include<stdio.h>
int main()
{
    int i,j,m,n,sum;
    i=3;
    j=7;
    //位置 1
    m=++i;
    //位置 2
    n=j++;
    //位置 3
    sum=(i++)+(++j)+(m--)+(--n);
    printf ("i=%d,j=%d,m=%d,n=%d,sum=%d\n",i,j,m,n,sum);
    return 0;
}
```

问题：

① 你分析的结果与程序运行结果相同吗？

② 分别在位置 1、位置 2、位置 3 增加一条输出语句，以显示此时的 i、j、m、n、sum 的值，重新编译、运行程序，以加深++、--运算符的理解；出现错误时，单击“忽略”按钮，为什么会出现异常？

③ 请比较++、--运算符的前缀式与后缀式的异同点。

(6)（提高题）求出下列算术表达式的值，并上机验证结果。

① x+a%3*(int)(x+y)%2/4　　　设 x=2.5,y=4.7,a=7。

② (float)(a+b)/2-(int)x%(int)y　　　设 a=2,b=3,x=3.5,y=2.5。

③ 'a'+x%3+5/2-'\24'　　　设 x=8。

可以使用下列程序框架上机验证：

```
#include<stdio.h>
int main()
{
    类型名 x;                    //定义变量的类型,如 double x;
    类型名 y;
    类型名 a;
    类型名 b;
```

```
    x=  ;                                   //对变量赋初值
    y=  ;
    a=  ;
    b=  ;
  //需要补充格式控制符[以%开头]和表达式内容
    printf("表达式的值为:格式控制符\n",表达式);
    return 0;
}
```

实验3　顺序结构程序设计

3.1 实验目的

(1) 熟悉赋值运算符的使用,能根据需要构建相应的赋值表达式,掌握两变量交换数据的方法。

(2) 继续熟悉整数相除、取余运算及数据类型转换等内容,能实现四舍五入保留指定位小数的算法。

(3) 熟悉常用数学函数的使用。

(4) 通过样例加深对 printf()常用格式控制符功能的理解,掌握 printf()的使用。

(5) 掌握 scanf()的使用,能正确输入数据。

(6) 掌握顺序结构程序设计的方法,能够画出传统的流程图和 N-S 流程图。

3.2 知识要点

1. 赋值运算符和表达式

编写程序时,给变量赋值是基本操作,必须熟练掌握。

1) 赋值运算符与表达式

赋值运算符为=。

表达式格式为“变量=表达式”。

功能:先计算表达式的值,再赋给左边的变量,即把表达式的值存入左边变量所标识的存储单元中。

说明:

(1) =是“赋值”的含义,不是数学中的“等于”。例如,n=n+1 是将变量 n 存储单元的值加 1 后存回到该单元,这种写法经常使用,应掌握。

(2) 左边必须是左值(即能存放数据的单元),通常为变量,不能是常量,a+b=c 是错误的。表达式 x=y 执行后,改变的是 x 值,而 y 值保持不变。

(3) 赋值号=两边的数据类型要求相同,若不同,则在赋值前自动把右边表达式的值转换为与左边类型相同的值,再赋给左边变量。

优先级:只高于逗号运算符,比其他运算符级别都低。

结合性：从右到左。

赋值表达式除了给左边变量赋值外，表达式本身也有值，其值为左边变量的值，也就是说：表达式 x＝y＝z＝0 是允许的，相当于 x＝(y＝(z＝0))，即先给 z 赋 0，再赋表达式 z＝0 的值(也是 0)给 y，这样 z、y 的值都是 0；接着再将 y 值赋给 x，因此，x 值也为 0，相当于执行了：z＝0； y＝0； x＝0； 三条语句。

注意：变量初始化与赋值语句的区别，为什么语句"int a＝b＝c＝5；"是错误的？

2) 复合赋值运算符与表达式

运算符：＋＝、－＝、*＝、/＝、%＝等。

功能：把右边表达式的值同左边变量的值进行相应运算后，再把运算结果赋给左边的变量。该复合赋值表达式的值也就是左边变量的值。

例如，"x＋＝y；"相当于"x＝x＋y；"，"x－＝y；"相当于"x＝x－y；"。

优点：简洁(可读性也不差)，编译速度快。

2. 逗号运算符与表达式

若把多个表达式用逗号(,)分开，就构成了逗号表达式。

格式：

```
表达式 1,表达式 2,…,表达式 n
```

运算过程：从左到右依次计算各个分表达式的值，整个逗号表达式的类型和值就是最右端表达式的类型和值。

优先级：最后一级，低于所有运算符。

例如：

x＝(3＋4,5.6<2,4&&1,3.2－0.6)；

该表达式的值就是最后表达式 3.2－0.6 的值，即 2.6，数据类型为 double。

3. 使用数学函数构建表达式

对于一些常用的数学运算，系统已设计好专门的函数来实现相应功能，只要加语句"#include 头文件"，就可以在程序中直接调用数学函数来构建表达式。在头文件 math.h 中包含如表 3-1 所示的函数声明。

表 3-1 常用数学函数

函数名称	函数原型	数学式子	功 能
实数绝对值函数	double fabs(double x)	$\|x\|$	返回实数 x 的绝对值
正弦函数	double sin(double x)	$\sin x$(x 为弧度)	返回弧度为 x 的正弦值
余弦函数	double cos(double x)	$\cos x$(x 为弧度)	返回弧度为 x 的余弦值
正切函数	double tan(double x)	$\mathrm{tg} x$(x 为弧度)	返回弧度为 x 的正切值
平方根函数	double sqrt(double x)	$\sqrt{x}$(x>＝0)	返回 x 的算术平方根
指数函数	double exp(double x)	e^x(e＝2.718 282)	返回 e^x 的值
幂函数	double pow(double x,double y)	x^y	返回 x^y 的值
自然对数函数	double log(double x)	ln x(x>0)	返回以 e 为底 x 的对数
对数函数	double log10(double x)	log10x(x>0)	返回以 10 为底 x 的对数

4. 程序流程图

编写一个程序，最重要的是确定其算法（即解决问题的方法和步骤）。可用程序流程图来表示算法，常用的流程图如下。

1）传统的流程图

用一些图框（如图 3-1 所示）来表示各种操作。特点是形象直观，易于理解。

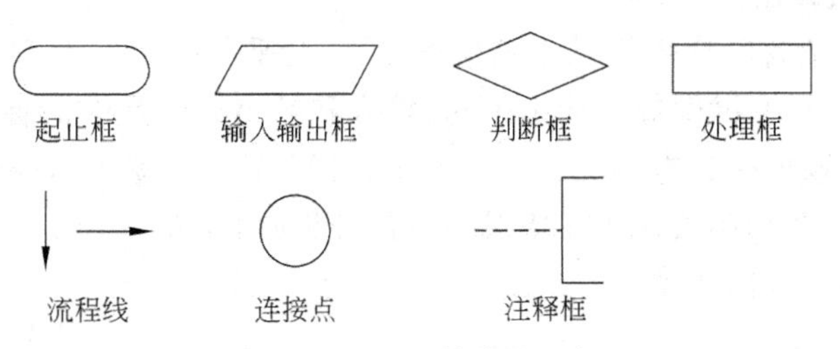

图 3-1 流程图的常见图框

图 3-2 是一个传统流程图的例子，其目的是判断一个大于或等于 3 的正整数是否为“素数”。

2）N-S 流程图

对传统流程图进行了改进，去除了箭头，全部算法写在一个矩形框内，由从属于它的多个子框构成，又称为盒图。图 3-3 是 N-S 的例子，功能与图 3-2 相同，但更加简单，明了。

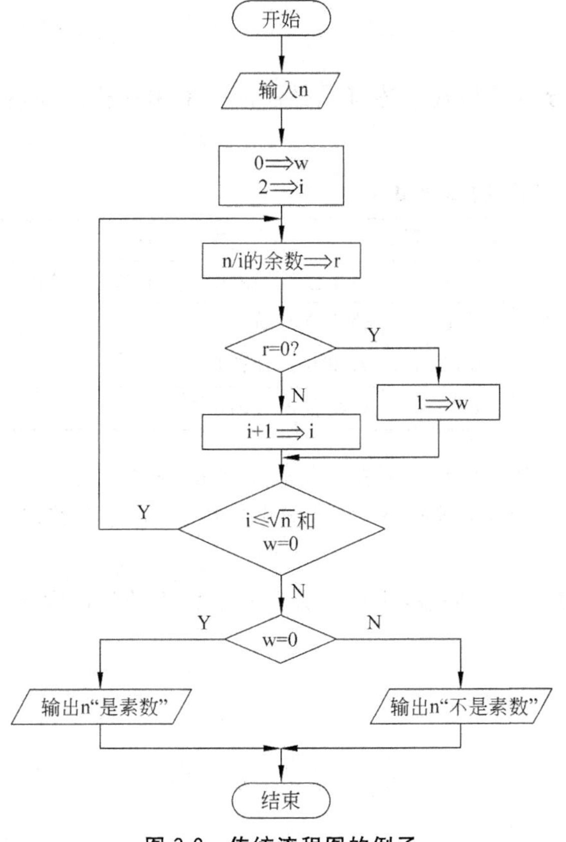

图 3-2 传统流程图的例子

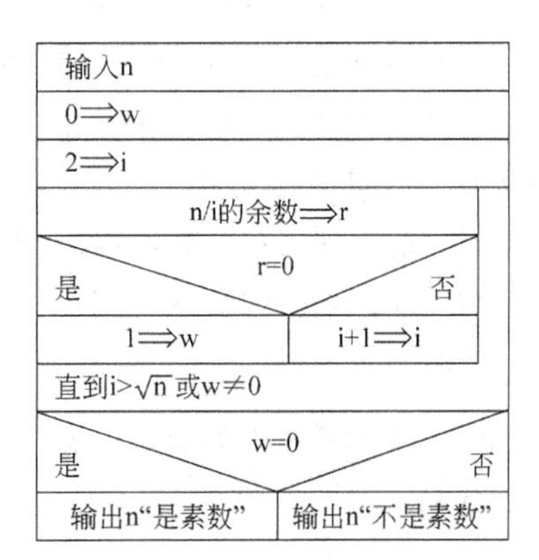

图 3-3 N-S 流程图的例子

3）程序的三种基本结构

顺序结构：从上到下顺序执行，既不重复也不跳过语句的执行。

选择结构：根据条件，选择某一模块的语句执行。

循环结构：根据条件，重复执行某一模块语句，重复的次数根据条件决定。

5. 数据的输入输出

输入输出是C语言程序中最基本的操作之一，几乎每一个C程序都包含输入输出功能。但是，C语言本身不提供输入输出语句，输入和输出操作是由C标准函数库中的函数来实现的。常用的输出函数有printf()、putchar()等，输入函数有scanf()、getchar()等。

要使用这些输入输出函数，需要在程序文件的开头加上预编译指令＃include＜stdio.h＞。

1）使用printf()输出数据

格式：

```
printf(格式控制符,输出项表)
```

例如：

```
printf("i=%d,c=%c\n",i,c);
```

说明：

(1) 格式控制符的形式为：

```
%[对齐方式][宽度][.精度]格式描述符
```

这里的方括号表示该项可省略，百分号和格式描述符是必需的。常用的格式描述符如表3-2所示。

表3-2 常用的格式描述符

格式描述符	功　能	格式描述符	功　能
d	输出带符号的十进制数	f或lf	以小数形式输出实数，默认带6位小数
c	以字符形式输出，只输出一个字符	s	输出字符串
u或U	输出无符号的整数	o或O	输出八进制整数
x或X	输出十六进制整数	e或E	以指数形式输出实数

对齐方式为－时表示左对齐，省略则为右对齐。宽度是指数据输出的最小宽度，当数据不足指定宽度时，通常用空格补齐。当输出小数时，精度是指小数位数；若是字符串，则是指截取字符串的长度。

(2) 输出项表：可以是常量、变量或表达式列表(用逗号分开)，是输出的具体内容。

2）使用scanf()输入数据

格式：

```
scantf(格式控制符,地址列表)
```

例如：

```
scanf(" %d,%d",&x,&y);
```

说明：

(1) 格式控制符与 printf()的要求类似，加小写字母 l 用于输入长整型(如%ld)或 double 类型(如%lf)。还可以在其中插入一些附加字符。

例如：

```
scanf("a=%d,b=%d,c=%d",&a,&b,&c);
```

在输入数据时，也需要采用同样格式来输入，如输入“a=10,b=50,c=100”并按 Enter 键。

(2) 地址列表：可以是变量的地址，或字符串的首地址。

(3) 常见错误：

① 不是地址列表：如“scanf("%f%f%f",a,b,c);”。

② 输入内容与插入的附加字符不对应：如“scanf("a=%f,b=%f,c=%f",&a,&b,&c);”。

输入 1 3 2↙ 或 a=1 b=3 c=2↙

③ 输入字符型数据时出现错位现象：如“scanf("%c%c%c",&c1,&c2,&c3);”。

输入 a b c↙(将空格作为有效字符输入)

④ 试图用格式控制符、转义字符等来控制输入格式：如“scanf("%5.2f\n",&a);”。

3) 字符数据的输入输出

常用的输入输出语句有“putchar(字符型数据或整数)”，输出一个字符；[变量=]getchar()，输入一个字符，通常存放到某一存储单元中。

3.3 实验内容与步骤

(1)(基础题)编写程序，将 10 000 秒转换成以“xx 时 xx 分 xx 秒”格式输出。

提示：可考虑整数的/、%运算。

(2)(基础题)编程实现：先定义两个整数变量，然后输入两个值，再交换这两个变量的值，最后输出交换后的新值，如图 3-4 所示。

```
inter a,b:10,30
交换前, a=10, b=30
交换后, a=30, b=10
```

图 3-4 程序运行结果

问题：

① 语句组：a=b；b=a；能交换 a、b 的值吗？

② 若不能，如何改进？

③ 画出程序的传统流程图。

(3)(基础题)运行下列程序，体会 printf()中“格式控制符”的用法，并回答相关问题。

```
#include<stdio.h>
int main()
{
    int k=1234;
    double f=12345.0123456789;
    char * p="China";
```

```
    printf ("%%d格式符: \n");
    printf ("%d\n",k);
    printf ("%6d\n",k);
    printf ("%06d\n",k);
    printf ("%2d\n\n",k);

    printf ("%%f格式符: \n");
    printf ("%f\n",f);
    printf ("%lf\n",f);
    printf ("%15f\n",f);
    printf ("%15.4f\n",f);
    printf ("%-15f\n",f);
    printf ("%-15.4f\n",f);
    printf ("%.2f\n",f);
    printf ("%30.20f\n\n",f);

    printf ("%%e格式符: \n");
    printf ("%e\n",f);
    printf ("%15e\n",f);
    printf ("%15.4e\n",f);
    printf ("%-15e\n",f);
    printf ("%-15.4e\n",f);
    printf ("%.2e\n",f);
    printf ("%30.20e\n\n",f);

    printf ("%%s格式符: \n");
    printf ("%s\n",p);
    printf ("%10s\n",p);
    printf ("%-10s\n\n",p);

    return 0;
}
```

问题：请说明格式控制符%d、%f、%e、%s的基本用法。

(4)(基础题)分析、运行下列程序，要让各变量得到对应的值a=3，b=7，x=8.5，y=71.82，c1='A'，c2='a'。请问在键盘上该如何输入？然后回答相关问题。

```
#include<stdio.h>
int main()
{
    int a,b;
    float x,y;
    char c1,c2;
    scanf("a=%d,b=%d",&a,&b);
    scanf("%f%e",&x,&y);
```

```
    scanf("%c%c",&c1,&c2);

    printf("a=%d,b=%d\n",a,b);
    printf("x=%f,y=%f\n",x,y);
    printf("c1=%c,c2=%c\n\n",c1,c2);
    return 0;
}
```

问题：

① scanf()函数应如何书写？

② 输入不同类型数据时，应注意什么？

(5)（提高题）以下程序实现的功能是：输入一个double类型的数据，使该数保留两位小数，对第三位小数进行四舍五入处理，然后输出此数，查验处理是否正确。请根据注释和运行结果截图填充程序。

```
#include<stdio.h>
int main()
{
    double x;
    printf("Enter x=");
    scanf("%lf",&x);

    printf("(1) x=%f....原始数据\n",x);
    printf("(2) x=%.2f....格式控制数据\n",x);

    x=______________;                   //x扩大100倍
    x=______________;                   //x增加0.5
    x=______________;                   //对x取整后再赋值给x
    x=______________;                   //x缩小100倍
    printf("(3) x=%f....处理后数据\n",x);

    return 0;
}
```

程序运行结果如图3-5所示。

```
Enter x=1234.56789
(1) x=1234.567890.....原始数据
(2) x=1234.57.....格式控制数据
(3) x=1234.570000.....处理后数据
```

图3-5 程序运行结果截图

(6)（提高题）改错题：以下程序有多处错误，若按下列截图所示格式输入输出数据，请在程序的相应位置上改正错误。

程序代码如下：

```
main
{
    double a,b,c,s,v;
    printf(input a,b,c :\n);
```

```
    scanf("%d %d %d",a,b,c);
    s=a * b;                                    //计算长方形面积
    v=a * b * c;                                //计算长方体积
    printf("%d %d %d",a,b,c);
    printf("s=%f\n",s,"v=%d\n",v);
}
```

实验 4　选择结构程序设计

4.1　实 验 目 的

(1) 熟悉 C 语言逻辑值"真"、"假"的表示。

(2) 掌握关系运算符的种类、运算优先级、运算结果的类型，清楚一个关系表达式对应的相反式。

(3) 掌握逻辑运算符的种类、运算优先级、结合性、操作数与运算结果的类型，能根据要求构建相应的逻辑表达式，理解逻辑运算中"短路"现象。

(4) 掌握 if 语句的用法，能够根据要求熟练使用单分支、双分支、多分支(嵌套)结构。

(5) 掌握 switch 语句的格式、功能及注意事项。

(6) 熟悉条件运算符和条件表达式的基本用法。

4.2　知 识 要 点

在生活中有很多需要判断和选择的情景。例如，天冷了，就要多穿衣服；若生病了，就要吃药或者去看病……在利用计算机求解问题的过程中，也需要根据条件的不同，做出相应选择。

1. C 语言的逻辑值

在计算机高级语言中，条件判断的结果是用逻辑值来表示的。

逻辑值只有两个：分别用"真"、"假"表示。早期的 C 语言没有专门的逻辑值，对用户提供的逻辑值，计算机将所有非 0 值视为"真"，0 值表示"假"；当由计算机输出逻辑值时，"真"用 1 表示，"假"用 0 表示。后来的 C99 有了表示逻辑值的 bool 型，分别用 true、false 表示"真"、"假"，其内部仍是分别用 1 和 0 表示。

2. 关系运算

关系运算用来比较两个操作数的大小，其结果为逻辑值("真"或"假")。进行关系运算的关键是构造合适的"关系表达式"。

运算符有 6 个，分别是＜(小于)、＜＝(小于等于)、＞(大于)、＞＝(大于等于)、＝＝(等于)、！＝(不等于)。

关系表达式：由一个关系运算符连接前后两个表达式而构成的式子，其格式如下。

操作数 1 关系运算符 操作数 2

例如，10＞5 是关系表达式，其结果为“真”(即 1)，而 10＜5 结果为“假”(即 0)。

说明：

(1) 关系运算的操作数可以是各种基本数据类型(如 int、char、double、float 等)。

(2) 比较大小时，数值型以其大小、英文字母以其 ASCII 码、汉字以它的机内码为准进行比较，如'a' ＞'A'的值为“真”(即为 1)。

(3) 由于计算机精度有限，通常浮点数不进行相等(＝＝)判断。

优先级：在无括号的情况下，＜、＜＝、＞、＞＝运算符的级别要高于＝＝、!＝；算术运算符的优先级要高于关系运算符，关系运算符的优先级要高于赋值运算符。例如，'a'－3＞10 的结果为 1，计算过程是：先得到'a'的 ASCII 码(97)，再减去 3 得到算术表达式的值(94)，最后再与 10 比较大小。

结合性：是指当表达式中出现两个或两个以上相同优先级的操作符的情况下，用于指定运算是从左向右结合还是从右向左结合。关系运算的结合性是从左到右。

运算与反运算：在 6 个关系运算符中，可以分为＜与＞＝、＞与＜＝、＝＝与!＝三组，在两个操作数保持不变的情况下，每组中的两个运算符构成的运算互为反运算，当某一种关系表达式的运算结果为“真”(即为 1)时，它的反运算结果必然为“假”(即为 0)，反之也成立。也就是说，对于同一问题的求解，可以从两个相反角度去考虑，这体现了程序设计方法的多样性、复杂性。

3. 逻辑运算

如果要构造更为复杂的表达式，就可以使用逻辑表达式。

逻辑表达式：将逻辑型数据与逻辑运算符连接而成的式子。

逻辑运算符有 3 个，分别是：

1) !(逻辑非，单目运算，即只有一个操作数)

运算规则：当操作数为“真”(即非 0)时，运算结果为“假”(即 0)；当操作数为“假”(即 0)时，运算结果为“真”(即 1)。

2) &&(逻辑与，双目运算，有两个操作数)

运算规则：只有两个操作数同时为“真”(非 0)时，运算结果才为“真”(即为 1)，否则均为“假”(即为 0)。也就是说，只要两个操作数中有一个为“假”(即为 0)时，运算结果就一定为“假”(即为 0)。

3) ||(逻辑或，双目运算，有两个操作数)

运算规则：只有两个操作数同时为“假”(即 0)时，运算结果才为“假”(即 0)，否则均为“真”(即 1)，也就是说，只要两个操作数中有一个为“真”(非 0)时，运算结果就一定为“真”(即为 1)。

a	b	!a	a&&b	a||b
0	0	1	0	0
0	1	1	0	1
1	0	0	0	1
1	1	0	1	1

图 4-1 逻辑运算符的运算规则

三种运算符的运算规则如图 4-1 所示。

结合性：从左到右。

优先级：下列运算符中优先级从高到低依次是：! 运算符、算术运算符(*、/、%、＋、－)、关系运算符(＞、＞＝、＜、＜＝、＝＝、!＝)、&& 运算符、‖ 运算符、赋值运算符(＝、＋＝、－＝、*＝、/＝、≪＝、≫＝等)。

问题：数学式 0＜x＜5 该如何书写呢？答案：x＞0 && x＜5。为什么？

设 a、b 是逻辑型变量，则下列三个式子成立：

!!a＝＝a、!(a&&b)＝＝!a‖!b、!(a‖b)＝＝!a&&!b

构造逻辑表达式举例如下。

【例 4-1】 字符 ch 为英文字母或数字字符。

分析：英文字母有大小写之分，可利用其 ASCII 码大小来构造表达式；大写字母、小写字母、数字字符三者之间是“或”关系。

逻辑表达式：

(ch＞＝'A'&&ch＜＝'Z')||(ch＞＝'a'&&ch＜＝'z')||(ch＞＝'0'&&ch＜＝'9')

【例 4-2】 year 表示年份，写出判定是否为“闰年”的表达式。

分析：根据历法知识，如果年份 year 满足下列条件之一即为闰年。

① 能被 4 整除但不能被 100 整除。

② 能被 400 整除。

逻辑表达式：

(year%4＝＝0)&&(year%100! ＝0) || (year%400＝＝0)

思考题：设学生有五门课程，分别用 sc1、sc2、sc3、sc4、sc5 表示成绩，请问怎样构造满足下列不同要求的表达式。

① 平均成绩 80 分及 80 分以上。

② 每门成绩均在 80 分及 80 分以上。

③ 没有一门课程成绩在 80 分或 80 分以上。

逻辑表达式的“短路”现象：

(1) 在形如□&& □&& □&&…的表达式中，只要前面有一个表达式(用符号□表示)的值为“假”，则整个表达式的值就为“假”，此后各表达式不再计算，因为它们的值无论是“真”还是“假”，都不会影响整个表达式的运算结果，这称为 && 运算符的“短路”现象。

例如，a＝0，b＝1，计算表达式 a＋＋&& b＋＋的值。

计算过程：先取 a 值 0，a 再增加 1，因为是 && 运算，整个表达式值为 0，表达式 b＋＋不再计算，b 值保持不变(即 b 仍是 1)。

(2) 在形如□|| □|| □||…的表达式中，只要前面有一个表达式(用符号□表示)的值为“真”，则整个表达式的值也就为“真”，后面各表达式的值也不必再计算，理由也是后续表达式的值不会影响整个表达式的运算结果，这称为||运算符的“短路”现象。

例如，a＝1，b＝1，计算表达式 a＋＋ || b＋＋的值。

计算过程：先取 a 值 1，a 再增加 1，因为是||运算，整个表达式值为 1，表达式 b＋＋不再计算，b 值保持不变(即 b 仍是 1)。

提示：在计算逻辑表达式值时，应考虑到上述两种“短路”现象的存在，以免造成麻烦。

4. if 语句

1）基本形式

```
if (表达式)
    语句 1
else
    语句 2
```

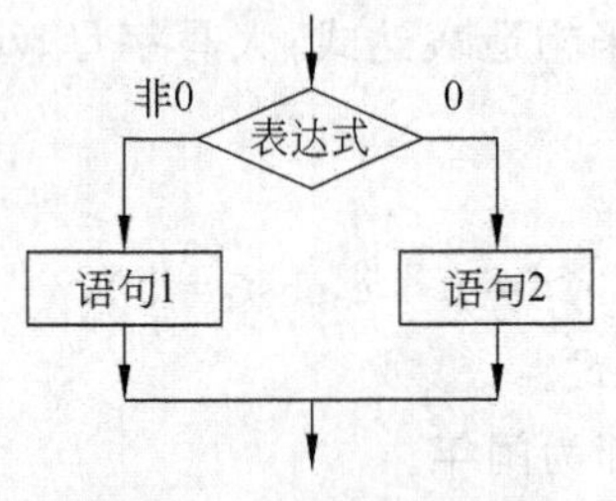

图 4-2 if 语句执行过程

说明：

(1) 此处的表达式可以是算术表达式、关系表达式、逻辑表达式、赋值表达式、字符表达式等，其值为“真”(即非 0)或“假”(即 0)。

(2) 表达式外的括号( )一定要有，不能省略。

(3) 语句 1、语句 2 后应加分号(;)，如果有多条语句，就可用大括号{ }括住，构成复合语句。

if 语句执行过程如图 4-2 所示。

【例 4-3】 输入 x 值，输出分段函数 $y=\begin{cases} x-1 & (x<0) \\ x+5 & (x\geqslant 0) \end{cases}$ 的值。

编程思路：x 值以 0 为界，采用 if…else…语句分成两种情况，很容易实现。

程序代码如下：

```
#include<stdio.h>
int main()
{
    double x,y;
    printf("请输入 x 的值:");
    scanf("%lf",&x);
    if (x<0)
    {
        y=x-1;
    }   else
    {
        y=x+5;
    }
    printf("x=%f,y=%f\n\n",x,y);
    return 0;
}
```

```
请输入x的值:10
x=10.000000, y=15.000000
```

图 4-3 例 4-3 程序运行结果

程序运行结果如图 4-3 所示。

2）单分支 if 语句

如果 if 语句省略 else 部分，就形成了单分支语句，格式为：

```
if  (表达式)
    语句
```

执行过程如图 4-4 所示。

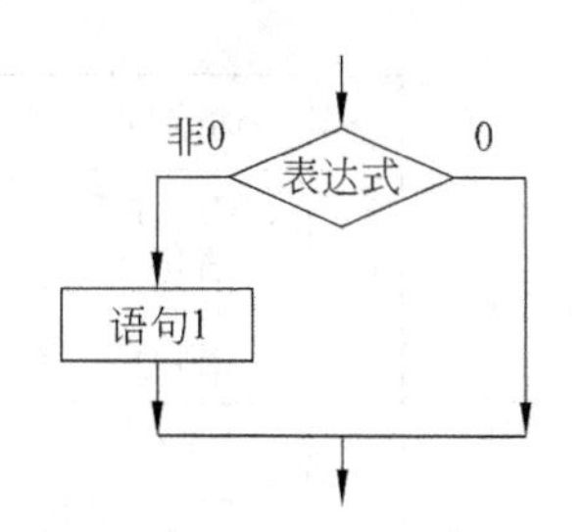

图 4-4　单分支 if 语句执行过程

【例 4-4】 输入 3 个数 a、b、c，要求按由小到大的顺序输出。

编程思路：使用单分支 if 语句进行两两比较，若不满足顺序就交换这两个变量的值，即 a、b 先进行比较，较小值放入 a，较大值放入 b；再将 a、c 进行比较，较小值放入 a，较大值放入 c，这样 a 存放的就是最小值；接着将 b、c 进行比较，较小值放入 b，较大值放入 c。最后，依次输出 a、b、c 即可。

程序代码如下：

```
#include<stdio.h>
int main()
{
    float a,b,c,t;
    printf("请输入三个实数:");
    scanf("%f%f%f",&a,&b,&c);
    if(a>b)
    { t=a;a=b;b=t;}
    if(a> c)
    {t=a;a=c;c=t;}
    if(b> c)
    {t=b;b=c;c=t;}
    printf("从小到大:%f,%f,%f\n",a,b,c);
    return 0;
}
```

程序运行结果如图 4-5 所示。

```
请输入三个实数:1.2 -8.95 0.5
从小到大:-8.950000, 0.500000, 1.200000
```

图 4-5　例 4-4 程序运行结果

说明：两个变量(如 a、b)要交换所存数据，直接使用语句“a=b；b=a；”不能实现。需要借用第三个变量(如 t)来存放中间值，正确的代码为“t=a；a=b；b=t；”请注意赋值的先后顺序。

思考题：生活中两个杯子分别盛满水和油，如何进行交换呢？

3) if 语句的嵌套

if…else…语句实现两分支功能，如果再在其中的 if 部分或 else 部分嵌入 if 语句能构成多分支语句。由于嵌入的位置不同，嵌入的 if 语句既可以包含 else 部分，也可以省略 else 部分，从而构成比较复杂的嵌套关系，如图 4-6～图 4-12 所示。

说明：

(1) C 语言规定：else 子句总是与前面最接近的不带 else 子句的 if 语句相结合，与书写格式有无缩进毫无关系；若要改变这种结合关系，可以加括号。

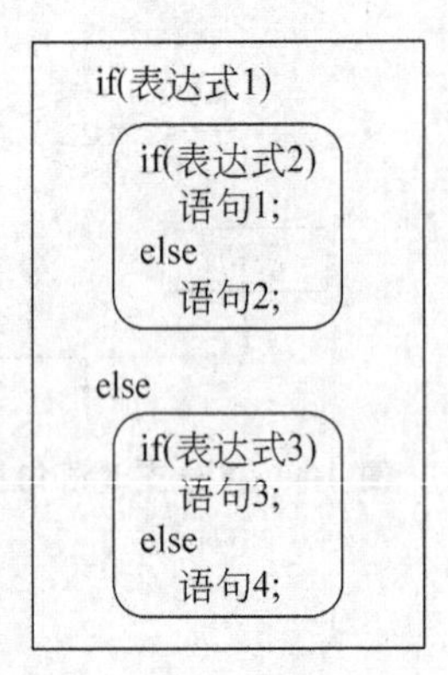

图 4-6　在 if、else 子句分别嵌入 if…else…语句(4 分支)

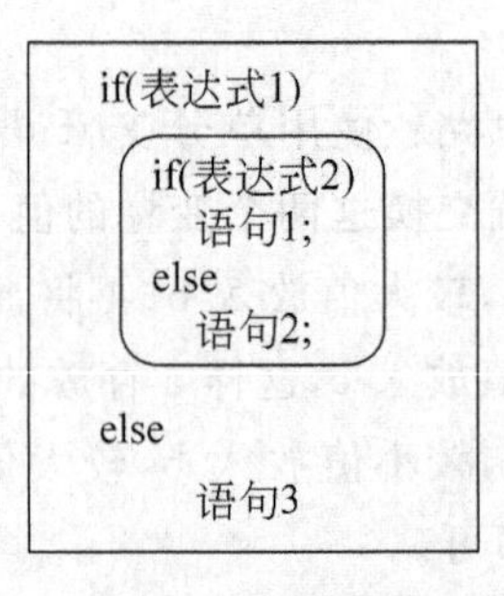

图 4-7　只在 if 子句嵌入 if…else…语句(3 分支)

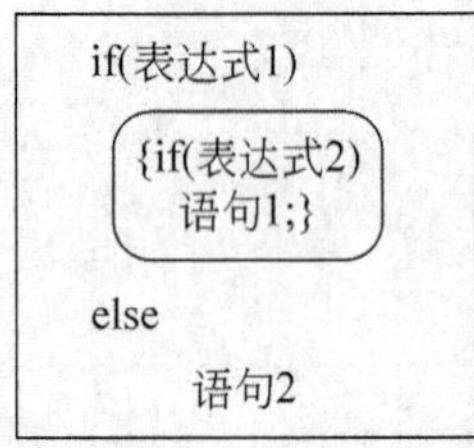

图 4-8　只在 if 子句嵌入单分支 if 语句(有括号)(2 分支)

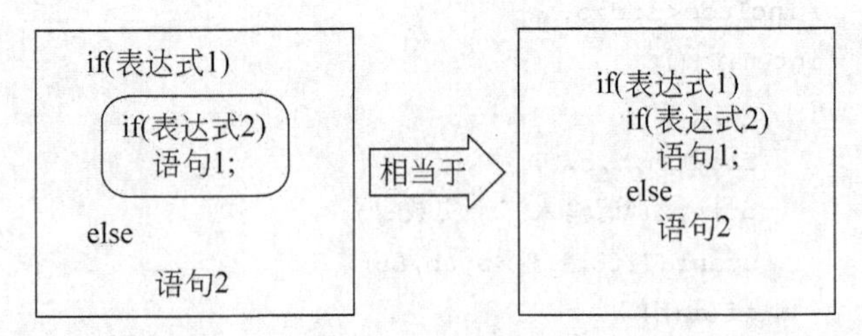

图 4-9　只在 if 子句嵌入单分支 if 语句(无括号)(2 分支)

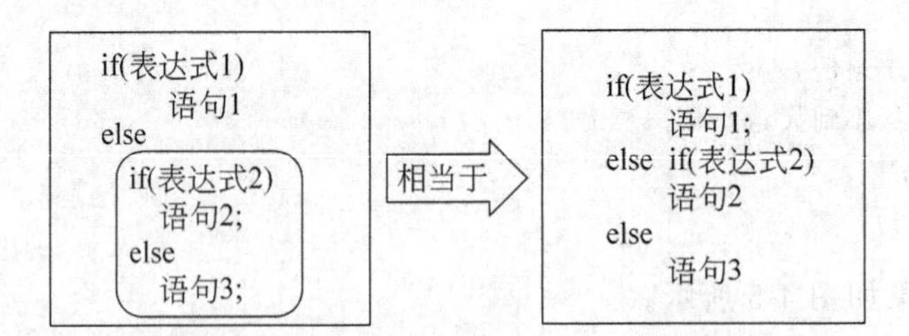

图 4-10　只在 else 子句嵌入双分支 if 语句(3 分支)

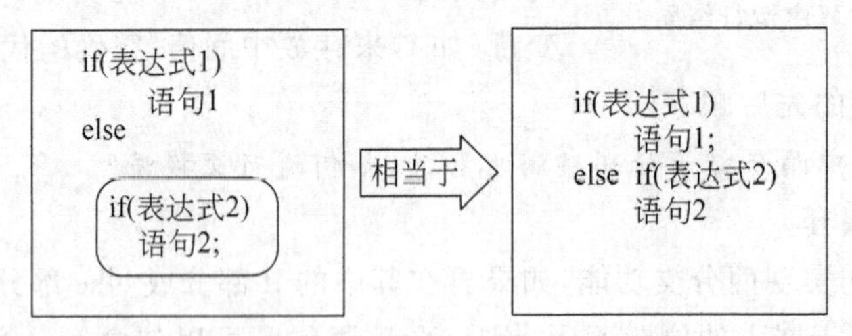

图 4-11　只在 else 子句嵌入单分支 if 语句(2 分支)

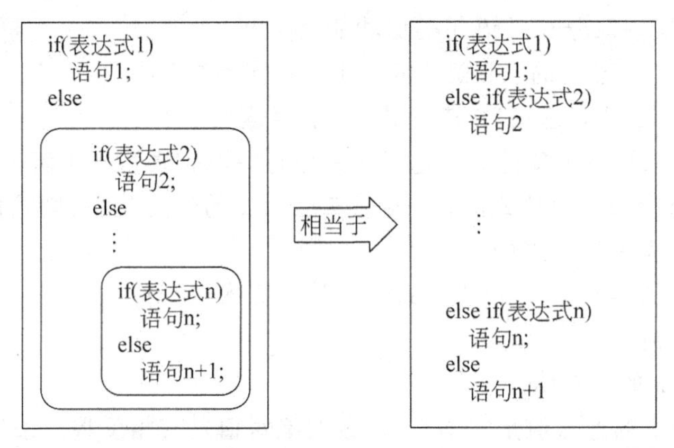

图 4-12　只在 else 子句中嵌套多重 if…else…语句(n+1 分支)

(2) 如果所有的嵌套部分都放在 else 部分,就能形成多分支结构,这类嵌套结构清晰,可读性强,在编程中大量使用。

【例 4-5】 输入学生成绩,输出相应等级(90～100 为"优秀",80～90 为"良好",70～80 为"中等",60～70 为"及格",60 以下为"不及格")。

编程思路:先确定各分界点成绩(如 90、80、70 等)属于哪一个区域?再采用 if…else if …else …实现多分支。

程序代码如下:

```
#include<stdio.h>
int main()
{
    int score;
    printf("请输入成绩:");
    scanf("%d",&score);
    if (score>=90)
        printf("  %d-->优秀\n",score);
    else if (score>=80)
        printf("  %d-->良好\n",score);
    else if(score>=70)
        printf("  %d-->中等\n",score);
    else if(score>=60)
        printf("  %d-->及格\n",score);
    else
        printf("  %d-->不及格\n",score);
    return 0;
}
```

程序运行结果如图 4-13 所示。

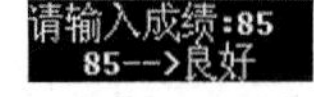

图 4-13　例 4-5 程序运行结果

5. **条件表达式**

从名字上不难判断出其功能,能根据条件是否满足来决定表达式的值，实现双分支 if 语句类似功能。

条件运算符：?:（唯一的三目运算符，即有三个操作数）。

条件表达式格式："表达式1? 表达式2 ：表达式3"。

执行顺序：先求解表示条件的表达式1的值，如果为"真"，则求解表达式2，此时表达式2的值就作为整个条件表达式的值，假若表达式1的值为"假"，则求解表达式3，表达式3的值就是整个条件表达式的值。

优先级：高于赋值运算符，低于关系运算符和算术运算符。

结合性：从右到左。

【例 4-6】 求 x 的绝对值。

分析：正数和0的绝对值是它本身，负数的绝对值是其相反数。条件表达式为"(x>=0)? x:(-x)"。

【例 4-7】 求两个数 a、b 的较小值。

分析：先比较两个数的大小，取其中的较小值。条件表达式为"(a<=b)? a:b"。

思考题：

① 上述表达式还能写成其他形式吗?

② 与 if…else…语句相比，条件表达式有什么优势?

6. switch 语句

基本形式：

```
switch (表达式)
{
    case 常量表达式 1:
        语句 1
        ⋮
        [break]
    case 常量表达式 2:
        语句 2
        ⋮
        [break]
        ⋮
    [default:
        语句 n+1]
}
```

功能：根据表达式值，选择不同语句进行执行，实现多分支功能，类似于电风扇的多档开关。

执行过程：

(1) 先计算"表达式"的值，假定为 M，若它不是整型，系统只取其整数部分作为结果值。

(2) 依次计算每个常量表达式的值，假定它们的值依次为 M1，M2，…，同样若它们的值不是整型，则自动转换为整型。

(3) 让 M 依次同 M1,M2,…进行比较,一旦遇到 M 与某个值 Mi 相等,就从对应标号的语句开始向下执行,如果没有碰到 break 语句,将一直执行到右大括号为止结束整个 switch 语句的执行;若遇到 break 语句,则结束 switch 语句的执行。当 M 与所有值 Mi 都不同,则执行 default 子句的语句,直至结束;若无 default 语句,则什么都不做。执行过程如图 4-14 所示。

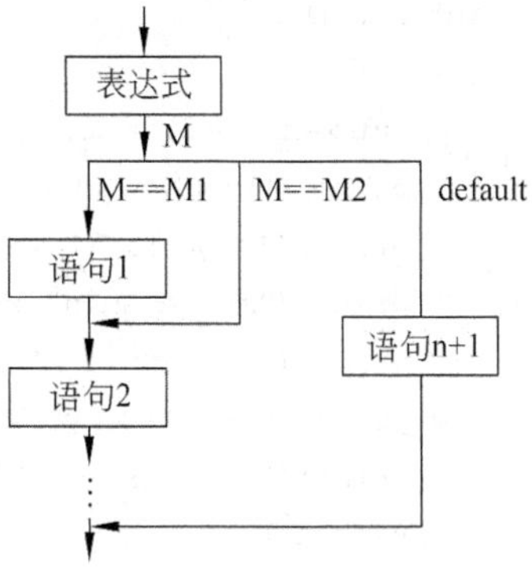

图 4-14　switch 语句执行过程

说明:

(1) 表达式通常为整型或字符型,选择合适的表达式是构造 switch 语句的关键。

(2) break 语句应根据情况来设置。

(3) default 子句是可选的。

例 4-5 还可用 switch 语句来改写,关键点是构造表达式、设置各 case 子句的常量值。程序代码如下:

```
#include<stdio.h>
int main()
{
    int score;
    printf("请输入成绩:");
    scanf("%d",&score);
    switch(score/10)
    {
    case 10:
    case 9:
        printf(" %d-->优秀\n",score);break;
    case 8:
        printf(" %d-->良好\n",score);break;
    case 7:
        printf(" %d-->中等\n",score);break;
    case 6:
        printf(" %d-->及格\n",score);break;
    default:
        printf(" %d-->不及格\n",score);
    }
    return 0;
}
```

4.3　实验内容与步骤

(1) (基础题)分析、运行下列程序,验证逻辑值、关系表达式值,并回答相关问题。

```
#include<stdio.h>
```

```
int main()
{
    int x=15,y=5,z=50;
    printf("x=%d,y=%d,z=%d\n",x,y,z);
    printf("x>y? %d\n",x>y);
    printf("x<=y? %d\n",x<=y);
    printf("x+y<z? %d\n",x+y<z);
    printf("z-30>=x+y? %d\n",z-30>=x+y);
    printf("y==z-30>x? %d\n",y==z-30>x);
    return 0;
}
```

问题：

① C语言逻辑值“真”、“假”如何表示？输入、输出时有什么不同？

② 关系运算符包含哪几个？它们的优先级如何？

③ 关系表达式的运算结果是什么？

④ 哪些关系运算符可构成互为相反运算的式子？它们的运算结果有什么关联？

(2)（基础题）分析、运行下列程序，验证逻辑表达式的值，并回答相关问题。

```
#include<stdio.h>
int main()
{
    int a=3,b=4,c=5;
    int x,y,z;
    printf("a=%d,b=%d,c=%d\n",a,b,c);
    printf("a+b>c&&b==c ? %d\n",a+b>c&&b==c);
    printf("!a||!c||b ? %d\n",!a||!c||b);
    printf("a||b+c&&b>c ? %d\n",a||b+c&&b>c);
    printf("a* b&&c+a ? %d\n\n",a* b&&c+a);

    printf("执行 x=a<b||c++后,x=%d,a=%d,b=%d,c=%d\n",x=a<b||c++,a,b,c);
    printf("执行 y=a>b&&c++后,y=%d,a=%d,b=%d,c=%d\n",y=a>b&&c++,a,b,c);
    printf("执行 z=a||b++||c++后,z=%d,a=%d,b=%d,c=%d\n",z=a||b++||c++,a,b,c);
    return 0;
}
```

问题：

① 逻辑运算符包含哪几个？它们的优先级如何？它的运算优先级高于算术运算符、赋值运算符吗？

② 逻辑表达式的操作数、运算结果是什么？

③ 什么是逻辑运算中“短路”现象？这会带来什么影响？

(3)（基础题）以下程序的功能是：输入学生4门课程的成绩，然后根据要求构建相应的逻辑表达式，之后计算这些表达式的值并输出。请根据程序相关提示填写所缺代码，再运行该程序予以验证，最后回答相关问题。

```
#include<stdio.h>
int main()
{
    double sc1,sc2,sc3,sc4;
    printf("请输入学生的 4 门课程成绩:\n");
    scanf("______________",______________);
    printf("sc1=%f,sc2=%f,sc3=%f,sc4=%f\n",sc1,sc2,sc3,sc4);
    printf("4门课程的平均成绩大于等于 80? %s\n",__________?"是":"否");
    printf("4门课程中每门的成绩均大于等于 80? %s\n",__________?"是":"否");
    printf("4门课程中至少有一门的成绩大于等于 80? %s\n",________?"是":"否");
    printf("4门课程中没有一门的成绩大于等于 80? %s\n",________?"是":"否");
    printf("4门课程中至少有两门的成绩大于等于 80? %s\n",________?"是":"否");
    return 0;
}
```

问题：

① 在程序中的什么位置使用了"条件表达式"?

② 条件运算符有几个操作数? 条件表达式如何执行?

(4)（基础题）假设 26 个大写字母和 26 个小写字母分别首尾相连组成两个不同的环，编程实现：输入一个字母，输出它的前一个和后一个字母。例如，输入'A'，输出'Z'和'B'；输入'a'，输出'z'和'b'。

(5)（基础题）编写一个程序：输入一个正整数，先判断其是奇数还是偶数，再进一步判断能否被 3 整除，运行界面如图 4-15 所示。

图 4-15 程序运行结果

提示：

① 判断奇偶性是指能否被 2 整除，可考虑用%运算符取余数，再判断是否为 0。

② 程序运行有 4 种可能结果，可用 if…else…语句嵌套来实现：在外层考虑奇偶性，在内嵌的 if…else…中考虑能否被 3 整除。

(6)（基础题）对于下列函数：

$$y=\begin{cases} x & (-5<x<0) \\ x-1 & (x=0) \\ x+1 & (0<x<10) \end{cases}$$

编写程序，要求输入 x 的值，输出 y 值。

提示：可以选择如下方法之一来编写程序。

① 多个 if 语句(不含 else 部分)。

② 嵌套的 if 语句。

③ if…else if…else 语句。

④ 嵌套的条件表达式。

(7)(提高题)以下程序实现的功能是：利用系统函数 rand 产生两个 0～99 的随机整数，之后进行算术四则运算(加、减、乘、除)，用户先输入运算符，接着输入对应运算的结果，最后由程序来判断是否正确，并输出相应信息。

分析、运行该程序，体会 switch 语句和随机函数的用法，并回答相关问题。

程序代码如下：

```
#include<stdio.h>
#include<stdlib.h>
#include<time.h>
int main()
{
    int a,b,result=-1,input=0;
    char op;
    /* 系统函数 rand: 产生 0~32767 随机整数,头文件是 stdlib.h
    系统函数 srand(int seed):seed 相同,产生随机数中也相同,头文件是 stdlib.h
    系统函数 time(0):返回系统时间的总秒数,头文件是 time.h
    */

    srand(time(0));
    a=rand()%100;
    b=rand()%100;
    printf("输入算术运算的运算符(+、-、x、/): ");      //'*'不可用,改用'x'(小写)
    op=getchar();

    switch(op)
    {
        case '+':
            result=a+b;
            printf("%d + %d=",a,b);
            scanf("%d",&input);
            break;
        case '-':
            result=a-b;
            printf("%d - %d=",a,b);
            scanf("%d",&input);
            break;
        case 'x':
            result=a*b;
            printf("%d * %d=",a,b);
            scanf("%d",&input);
```

```
            break;
        case '/':
            if(b!=0)
            {
                result=a/b;
                printf("%d / %d=",a,b);
                scanf("%d",&input);
            }else
            {
                printf("除数为 0,不能进行除法运算\n");
            }
            break;
        default:
            printf("输入的运算符不正确!\n");
        }
        if(result==input)
            printf("输入答案正确 加油!\n\n");
        else
            printf("输入答案错误 加水!\n\n");
        return 0;
}
```

问题：

① switch语句由哪些部分构成？case子句、default子句有什么作用？该语句如何执行？

② switch语句中的break子句有什么作用？

③ rand()、srand()的功能分别是什么？使用时应导入哪些头文件？

(8)（提高题）我国的工薪阶层的个人所得税实行累进税率，计算办法是：用全月应纳税所得额分为几个级别，分别乘以累进税率，几个级别税额的总和就是该月应纳个人所得税额。从2012年1月1日起实施的新个人所得税计算方法如下：

全月应纳税所得额＝全月收入总额－（五险一金）－3500（现阶段个税起征点）

个人所得税的税率分为7个级数如表4-1所示。

表4-1 个人所得税的级别及税率

级数	全月应纳税所得额	税 率	级数	全月应纳税所得额	税 率
1级	1500元之内	3%	5级	超过35 000～55 000元的部分	30%
2级	超过1500～4500元的部分	10%	6级	超过55 000～80 000元的部分	35%
3级	超过4500～9000元的部分	20%	7级	超过80 000元的部分	45%
4级	超过9000～35 000元的部分	25%			

例如，某人某月收入为7000元，其五险一金为1000元，他的月个人所得税应该这样计算：

应纳税所得额：7000－1000－3500＝2500＝1500＋1000 元，共分为 2 个级别：

1 级(1500 元之内的部分)：1500×3％＝45

2 级(超过 1500～4500 元的部分)：1000×10％＝100

则此人应缴个人所得税为 45＋100＝145 元。

要求：编写一个程序，输入任何一个公民的月收入和五险一金数目，能够计算出他应缴纳的个人所得税。

提示：根据应纳税所得额来确定他的最高税率级数，则他的前几级个人所得税＝(各级别的全额数×相应税率)之和，最后一级的个人所得税＝该级别的实际额数×相应税率。两者相加即为最后个人所得税，如上例，7000－1000－3500＝2500 元，1500×3％＋1000×10％＝145 元。

实验 5　循环结构程序设计(1)

5.1　实验目的

(1) 熟悉循环结构的组成：循环控制部分和循环体。

(2) 掌握 for 语句、while 语句、do…while 语句的用法，并能互换使用。

(3) 熟悉累加、连乘积、分类统计等算法，能根据实际需要构建循环语句。

(4) 熟悉随机函数 rand()、三角函数 sin(x)、cos(x)等的使用。

5.2　知识要点

在程序设计中，如果需要重复执行某些操作，就可以使用循环结构。要让循环结构能正常工作、实现一定功能，需要有循环控制部分和循环体。循环控制部分规定什么条件下执行循环、执行多少次、何时结束，就像一辆货车，要有启动、刹车装置；循环体就是反复执行的部分，它实现某一功能，就像货车行驶的目的是运输货物一样。C 语言提供了三种循环结构，分别由 for 语句、while 语句和 do…while 语句来实现。

1. for 语句

其语法如下：

```
for (表达式 1;表达式 2;表达式 3 )
{
    循环体;
}
```

执行过程：先计算表达式 1，然后判断表达式 2 是否为“真”，如果为真，就执行循环体，然后计算表达式 3，再次判断表达式 2 是否为“真”，再决定是否继续循环。若表达式 2 的值为“假”，则结束循环，执行 for 语句的后续语句，如图 5-1 所示。

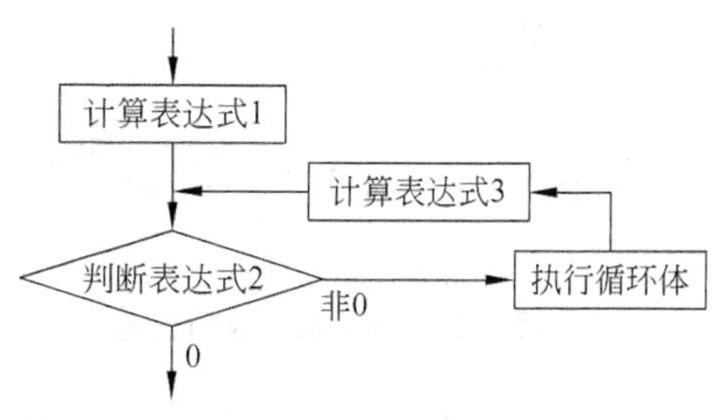

图 5-1　for 语句执行过程

说明：表达式 1、表达式 2、表达式 3 构成了循环的控制部分：表达式 1 最先执行，且仅执行一次，通常是给循环变量赋初值，又称为初始化，若需要给多个变量赋值，则可使用逗号表达式；表达式 2 是循环判断条件，只要结果为“真”就要执行循环，一旦结果为“假”则结束循环。循环体是反复执行的语句，可利用循环变量构造表达式实现相应功能，当有多条语句时，可使用大括号{ }括住，构成复合语句；表达式 3 在循环体之后执行，通常用来修改循环变量，以实现循环达到次数的目的。

2. while 语句

其语法如下：

```
  …                              //初始化语句
while (条件表达式) {              //进行条件判断
  语句块                          //循环体
  …                              //修改循环变量语句
}
```

执行过程：当条件表达式为“真”时，执行循环体；条件表达式为“假”时，退出循环，执行 while 语句的后续语句。执行过程如图 5-2 所示。

表面上看，while 语句要比 for 语句简洁，只包含条件表达式和循环体两部分，实质上，循环控制部分的三个表达式一个也没有少，只是把变量初始化(表达式 1)移到 while 语句之前，把循环变量的修改部分(表达式 3)放到循环体中。由此可见，while 语句与 for 语句可以实现完全相同的功能，它们之间可以相互替代。

3. do…while 语句

其语法如下：

```
  …                              //初始化语句
do {
  语句块                          //循环体
  …                              //修改循环变量语句
} while (条件表达式);             //进行条件判断
```

do…while 语句与上述两种语句略有不同，它先执行循环体，然后计算条件表达式，若结果为“真”则执行下一次循环；否则，结束循环的执行。也就是说，无论条件表达式值是否为“真”，循环体至少执行一次。执行过程如图 5-3 所示。

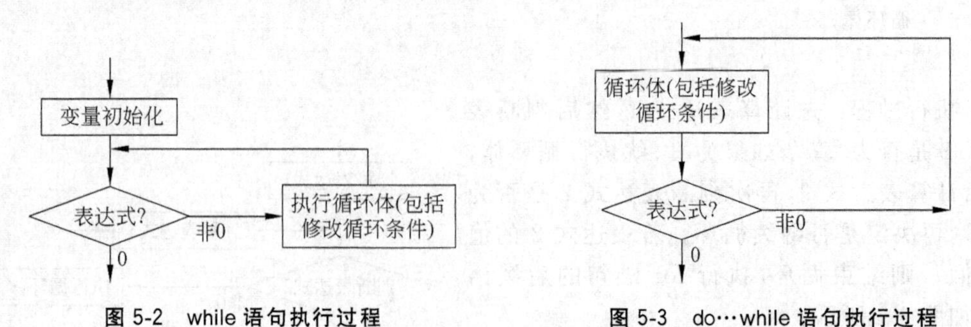

图 5-2　while 语句执行过程　　图 5-3　do…while 语句执行过程

在使用循环结构时，主要是构建好循环控制部分和循环体，循环体中还可以利用循环变量来构建相应的表达式。

4. 三种循环语句的相互替代

循环控制部分的三个表达式分别实现循环变量初始化、条件判断、修改循环变量值的功能，循环结构不同，这些表达式的摆放位置也不同。只要能够满足计算要求，选用哪一种循环结构都无关紧要。前面已经提到，for 语句和 while 语句可以相互替代，只要保证循环至少执行一次，也可以选用 do…while 语句，它的特点是先执行一次循环体，再判断表达式值的真假。

5. 累加、连乘积和分类统计算法

1）累加

利用循环结构实现多个数据的相加就是累加。

【例 5-1】　求 1＋2＋3＋…＋100 的值。

编程思路：

（1）存放结果的变量要先置 0，如“int sum＝0;”。

（2）构建累加语句，如“sum＝sum＋i;”（i 为循环变量）。

程序代码如下：

```
#include<stdio.h>
int main()
{
    int i,sum=0;
    for (i=1;i<=100;i++)
        sum=sum+i;
    printf("1+2+3+...+100=%d\n\n",sum);
    return 0;
}
```

程序运行结果如图 5-4 所示。

```
1+2+3+...+100=5050
```

图 5-4　例 5-1 程序运行结果

若将循环体进行适当变换，如“sum＝sum＋1.0/i;”则可以计算 1＋1/2＋…＋1/100 值。如果加上符号位，能形成正负相间的式子，如 1－1/2＋…－1/100。

2）连乘积

连乘积是指利用循环结构实现多个数据的连续相乘。

【例 5-2】　计算 n 的阶乘 n! ＝1＊2＊3＊…＊n(n 由键盘输入)。

编程思路与累加类似，利用循环不断做乘法，结果应放入一个变量中，不同之处是其初值应设为 1(因为 1 与任何数相乘得到该数本身)，要点如下：

（1）存放结果的变量要先置 1，如 long p＝1。

（2）写出实现连乘积语句，如“p＝p＊i;”(i 为循环变量)。

程序代码如下：

```
#include<stdio.h>
int main()
```

```
{
    int i,n;
    long p=1;
    printf("请输入整数 n: ");
    scanf("%d",&n);
    for (i=1;i<=n;i++)
        p=p*i;
    printf("%d!=%ld\n\n",n,p);
    return 0;
}
```

```
请输入整数n: 10
10!=3628800
```

图 5-5 例 5-2 程序运行结果

程序运行结果如图 5-5 所示。

需要注意的是,连乘积的结果可能很大,容易造成数据溢出,因此要考虑选用范围更大数据类型,如 long、float、double 等。

3) 分类统计

分类统计顾名思义就是统计各小类(组)的人数、个数等。算法要点:

(1) 每类(组)设置一个整型变量用于计数,初值为 0。

(2) 用多分支语句进行分类,数据一旦落入某一类(组),该类(组)的计数就增加 1。

(3) 输出各类(组)的计数。选举班干部时的“唱票”就是典型的分类统计例子。

【例 5-3】 输入 10 个学生成绩,分别统计成绩在“85～100 分”、“60～85 分”和“60 分以下”各分数段的人数。

程序代码如下:

```
#include<stdio.h>
int main()
{
    int i,score,n85,n60,n0;
    n85=n60=n0=0;
    for(i=1;i<=10;i++)
    {
        printf("请输入第%d个学生成绩:",i);
        scanf("%d",&score);
        if(score>=85)
            n85++;
        else if(score>=60)
            n60++;
        else
            n0++;
    }
    printf("\n85~100分人数为: %d\n",n85);
    printf("60~85分人数为: %d\n",n60);
    printf("60分以下人数为: %d\n\n",n0);
```

```
    return 0;
}
```

程序运行结果如图 5-6 所示。

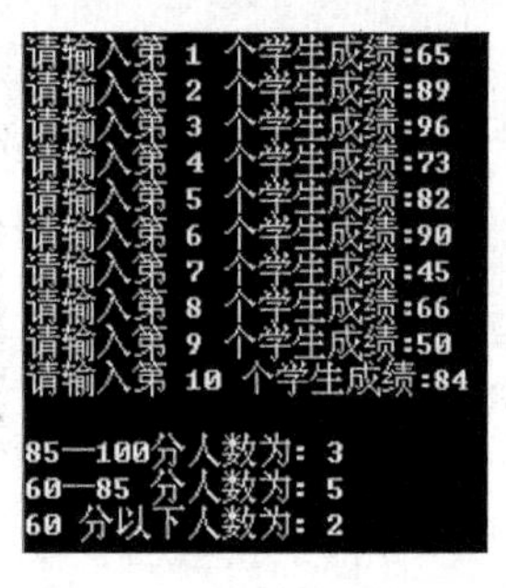

图 5-6　例 5-3 程序运行结果

6. 几个系统函数

1）三角函数（对应的头文件是 math. h）：

（1）正弦函数：

double sin(double x)

（2）余弦函数：

double cos(double x)

（3）正切函数：

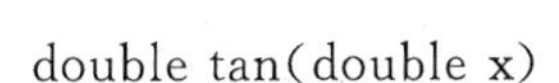
double tan(double x)

上述函数的参数单位是弧度，函数值为实数，1 度＝π/180 弧度，π 为圆周率，近似值为 3. 141 59。

2）随机函数（对应的头文件是 stdlib. h）：

（1）随机函数：int rand()，返回 0～32 767 之间的整数。

（2）改变随机数序列：void srand(unsigned n)，参数 n 相同，产生的随机数也相同。为了设置不同序列的随机数，通常调用函数 time(0)来返回系统时间的总秒数，由于运行程序的时间点不同，返回的总秒数也不同，这样可以保证每一次产生的随机数都不同。该函数对应的头文件是 time. h。

5.3　实验内容与步骤

（1）（基础题）用 for 语句编写程序，计算 1－3＋5－7＋…－99＋101 的值。

（2）（基础题）用 while 语句编写程序，如图 5-7 所示。输出角度为 0，10，20，…，180 的正弦、余弦值。

```
角度:  10    正弦:  0.173648    余弦:  0.984808
角度:  20    正弦:  0.342020    余弦:  0.939693
角度:  30    正弦:  0.500000    余弦:  0.866025
角度:  40    正弦:  0.642788    余弦:  0.766044
角度:  50    正弦:  0.766044    余弦:  0.642788
角度:  60    正弦:  0.866025    余弦:  0.500000
角度:  70    正弦:  0.939693    余弦:  0.342020
角度:  80    正弦:  0.984808    余弦:  0.173648
角度:  90    正弦:  1.000000    余弦:  0.000000
角度: 100    正弦:  0.984808    余弦: -0.173648
角度: 110    正弦:  0.939693    余弦: -0.342020
角度: 120    正弦:  0.866025    余弦: -0.500000
角度: 130    正弦:  0.766044    余弦: -0.642788
角度: 140    正弦:  0.642788    余弦: -0.766044
角度: 150    正弦:  0.500000    余弦: -0.866025
角度: 160    正弦:  0.342020    余弦: -0.939693
角度: 170    正弦:  0.173648    余弦: -0.984808
角度: 180    正弦:  0.000000    余弦: -1.000000
```

图 5-7　程序运行结果（1）

提示：可调用三角函数 double sin(double x)、double cos(double x)。

（3）（基础题）用 do…while 语句编写程序，输出满足 n!＜＝1 000 000 的最大整数 n。

(4)(基础题)使用循环语句和随机函数 rand 模拟抛掷 1 000 000 次骰子,统计出现 1～6 点的次数及所占比例,最后输出,如图 5-8 所示。

```
出现1点的次数为 166738, 所占比例为  16.673800%
出现2点的次数为 166779, 所占比例为  16.677900%
出现3点的次数为 166894, 所占比例为  16.689400%
出现4点的次数为 166611, 所占比例为  16.661100%
出现5点的次数为 166390, 所占比例为  16.639000%
出现6点的次数为 166588, 所占比例为  16.658800%
```

图 5-8 程序运行结果(2)

提示:

① 先调用 srand(int seed)函数产生不同的随机数序列,再调用 rand 函数产生 0～32 767 随机整数。

② 要产生 1～6 的随机整数,方法是得到 1+rand()%6。

③ 分类统计要可用多分支语句。

(5)(提高题)用循环编程实现:输入任意一个正整数,如 123 456,输出其反序整数,即 654 321。

提示:考虑整数的/和%运算,123 456%10 得到余数 6,123 456/10 得到商 12 345,以此类推,直至商是 0 为止;数字 65 可看作 6*10+5,654 可看做 65*10+4……

(6)(提高题)根据下列式子,计算圆周率 π 的值,要求最后一项的值小于 10^{-8}:

$$\frac{\pi}{2}=1+\frac{1}{3}+\frac{2!}{3\times5}+\frac{3!}{3\times5\times7}+\cdots+\frac{n!}{3\times5\times7\times\cdots\times(2n-1)}$$

(7)(提高题)一个小球从 50 米高度自由落下,每次落地后反跳回原高度的一半再落下,求它在第 10 次落地时,共经过多少米?第 10 次反弹有多高?

(8)(提高题)猴子吃桃问题:猴子第一天摘下若干个桃子,当即吃了一半,还不过瘾,又多吃了一个;第二天早上又将剩下的桃子吃掉一半,又多吃了一个。以后每天早上都吃了前一天剩下的一半零一个。到第 n(n>1)天早上想再吃时,见只剩下一个桃子了。问第一天共摘了多少个桃子?

实验 6　循环结构程序设计(2)

6.1　实验目的

(1) 继续熟悉循环结构程序设计,掌握不确定次数循环判定条件的设置。

(2) 掌握多重循环的使用,熟练运用穷举法、迭代法、判定素数、求最大公约定等典型算法。

(3) 熟悉 break 语句和 continue 语句在循环中的应用,并能区分两者的不同。

6.2　知识要点

1. 不确定次数循环判定条件的设置

对于简单循环来说,循环次数很明确;但对于复杂一些的循环,其循环次数就不容易看出,这时需要认真分析,先确定“循环结束条件”,再得到“循环执行条件”。举例如下:

【例 6-1】 求它的阶乘大于 100 000 000(即 1 亿)的最小整数。

编程思路:n! =1 * 2 * … * (n-1) * n,用连乘积算法可以实现,n 从 1 开始逐渐增大。显然,当 n 较小时,n! 小于等于 100 000 000,当到达某一整数 K 时,其阶乘开始超过 1 亿,这个 K 值就是要找的数。由此可知,K 就是“最先满足其阶乘超过 1 亿”条件的整数,即是它之前整数的阶乘都不大于 1 亿。这一条件就是循环结束的条件,而循环执行的条件则是“整数的阶乘小于等于 1 亿”。需要注意的是,应判定循环终止时的循环变量值是否为所求问题的解。

程序代码如下:

```
#include<stdio.h>
int main()
{
    int i,p;
    for(i=1,p=1;p<=1e8;i++)
        p=p*i;
    printf("阶乘大于 100000000(即 1 亿)的最小整数是: %d\n",i-1);
    return 0;
}
```

阶乘大于100000000(即1亿)的最小整数是: 12

图 6-1 例 6-1 程序运行结果

程序运行结果如图 6-1 所示。

为什么 printf()中的表达式为 i－1、而不是 i 呢？分析一下循环的执行过程，不难理解其中的原因。

【例 6-2】 利用公式 $\frac{\pi}{4}=1-\frac{1}{3}+\frac{1}{5}-\frac{1}{7}+\cdots$ 计算圆周率 π 值，要求误差不超过 10^{-8}。

编程思路：误差＝(计算值－真实值)的绝对值。计算 π 的误差就是利用上述公式计算 $\frac{\pi}{4}$ 的误差×4。而计算 $\frac{\pi}{4}$ 值的方法可以利用累加算法(循环变量每次增加 2，正负项相间)，其误差是舍去的后续各项之和，不考虑符号，即是

$$\frac{1}{(2n+1)}-\frac{1}{(2n+3)}+\frac{1}{(2n+5)}-\frac{1}{(2n+7)}+\cdots$$
$$=\frac{1}{(2n+1)}-\left[\frac{1}{(2n+3)}-\frac{1}{(2n+5)}\right]-\left[\frac{1}{(2n+7)}-\frac{1}{(2n+9)}\right]$$
$$-\cdots<\frac{1}{2n+1}<\frac{1}{2n}$$

也即说，只要 n 满足 $\left(4*\frac{1}{2n}\right)<10^{-8}$ 即 $\frac{2}{n}<10^{-8}$ 条件，就能保证计算得到的 π 值满足误差要求。此条件就是循环结束的条件，而循环进行的条件则是 $\frac{2}{n}>=10^{-8}$。

程序代码如下：

```
#include<stdio.h>
int main()
{
    int sign=-1;
    double s=0,PI;
    int i;
    for (i=1;2.0/i>=1e-8;i++)
    {
        sign=-sign;
        s=s+1.0/(2*i-1)*sign;
    }
    PI=s*4;
    printf("PI=%10.8f\n\n",PI);

    return 0;
}
```

程序运行结果如图 6-2 所示。

PI=3.14159265

图 6-2 例 6-2 程序运行结果

注意：

① 整数变量 i 不能溢出；否则，可能得到错误结果。

② 循环条件为什么不是 2/i>=1e-8?

2. break 语句和 continue 语句

在循环体中，一旦执行到 break 语句，就会退出循环，不再执行循环体中 break 的后续语句。通常，break 语句要与 if 语句联合使用，只有满足了一定条件才去执行 break 语句，从而结束循环；假若无 if 语句就会直接执行 break 语句，这样后续语句就永远没有执行的机会。

【例 6-3】 break 语句的应用。

编程思路：利用 break 语句结束循环。

程序代码如下：

```
#include<stdio.h>
int main()
{
    int i,sum;
    for(i=1,sum=0;;i++)
    {
        sum=sum+i;
        if(i>=100)
            break;
    }
    printf("i=%d\n",i);
    printf("sum=%d\n\n",sum);

    return 0;
}
```

程序运行结果如图 6-3 所示。

```
i=100
sum=5050
```

图 6-3　例 6-3 程序运行结果

上述代码中省略了循环控制部分的表达式 2，相当于“循环判定条件始终为真”，看似一个“死循环”，但由于在循环体加入了带条件的 break 语句，当循环变量达到 100 时就会结束循环。这一程序也能计算 1+2+3+…+100 的值，实现累加功能。输出结果为 i=100，sum=5050。

如果程序执行到循环体中的 continue 语句，则会结束本次循环，即这次循环中不再执行循环体中 continue 的后续语句，但不退出循环，下一次循环仍可能继续执行。与 break 语句类似，continue 语句通常也要与 if 语句一起使用，依据不同的条件执行不同的语句。

【例 6-4】 continue 语句的应用。

编程思路：利用 continue 路过一些语句。

程序代码如下：

```
#include<stdio.h>
int main()
{
```

```
    for(int i=1;i<=20;i++)
    {
        if(i%3!=0)
            continue;
        printf("%d\n",i);
    }
    return 0;
}
```

程序运行结果如图 6-4 所示。

这一代码段看似要输出 1～20 之间所有整数的值，但由于在输出语句之前加入了带条件的 continue 语句，如果不是 3 的倍数，就执行 continue 语句，这样就跳过了输出语句的执行，只有能被 3 整除的数才有机会输出。所以，此程序段的功能是输出 1～20 之间能被 3 整除的整数。

从上可知，break 语句与 continue 语句的区别是明显的：break 语句结束整个循环过程，将执行循环语句的后续语句；而 continue 语句只是结束本次循环，并不是终止整个循环的执行，下一次还可能继续下去。

3. 多重循环

多重循环是指在一个循环体内又包含了另一个循环，又称为嵌套循环。为了便于区分，外层的循环称为外循环，内层的循环称为内循环。for、while、do…while 语句可以互相嵌套，执行过程是：外循环给定一个值，内循环就必须完整地执行一遍。常见的是二重循环、三重循环。

【例 6-5】 输出如图 6-5 所示的图形。

图 6-4 例 6-4 程序运行结果

图 6-5 输出图案

编程思路：输出图案共有 5 行，每行的星号(*)数与行编号相同，可以用二重循环实现：外循环控制行数，从 1～5；内循环控制每行的星号数，从 1 变化到行号数。

程序代码如下：

```
#include<stdio.h>
int main()
{
    int i,j;
    for(i=1;i<=5;i++)
    {
        for(j=1;j<=i;j++)
            printf("*");
```

```
        printf("\n");
    }
    printf("\n");
    return 0;
}
```

【例 6-6】 从 0、1、2、3、4 五个数字中抽取其中的三个组成一个三位数，要求：得到的三位数的各位数字互不相同，输出时按从小到大排列，每行最多输出 6 个整数。

编程思路：三位数由百位、十位、个位组成，可使用三重循环来生成整数：百位数字从 1～4 选取，十位、个位数字都可以从 0～4 选取，由于每重循环都是从小到大变化，可确保得到的整数从小到大排序。为保证得到的整数各位数字互不相同，需设置条件进行筛选；还可定义一个整数变量 count 来统计输出的整数个数，以控制每行输出的整数数目。

程序代码如下：

```
#include<stdio.h>
int main()
{
    int i,j,k,count=0;;
for(i=1;i<=4;i++)                //外层循环
{
    for(j=0;j<=4;j++)            //中层循环
    {
        for(k=0;k<=4;k++)        //内层循环
        if((i!=j)&&(j!=k)&&(i!=k))
        {
            printf("%d ",i*100+j*10+k);
            count++;
            if (count%6==0)
                printf("\n");
        }
    }
  }
  printf("\n");
  return 0;
}
```

程序运行结果如图 6-6 所示。

```
102  103  104  120  123  124
130  132  134  140  142  143
201  203  204  210  213  214
230  231  234  240  241  243
301  302  304  310  312  314
320  321  324  340  341  342
401  402  403  410  412  413
420  421  423  430  431  432
```

图 6-6　例 6-6 程序运行结果

4. **循环的典型算法**

1) 穷举法

穷举法就是利用循环(包括多重循环)将所有可能的解一一列出，再找出其中满足条件的解即可。这种看似很“笨”的方法，但由于计算机运算速度快，也成了一种解决问题的可行办法。著名的“百钱买百鸡”问题就是用“穷举法”解决的。这种方法的要点是将所有可能全部列出，不能遗漏，复杂问题的解空间可能很大，要尽力排除那些不可能的解，缩短程序运行时间。还应注意整数除法的特殊性等。

2）迭代法

迭代法又称辗转法，是一种不断用变量的旧值递推新值的过程，与迭代法相对应的是直接法(即一次性解决问题的方法)。迭代法又分为精确迭代和近似迭代。“二分法”和“牛顿迭代法”属于近似迭代法。

迭代算法是用计算机解决问题的一种基本方法，利用计算机运算速度快、适合做重复性操作的特点，让计算机对一组指令(或步骤)进行重复执行，在每次执行这组指令(或步骤)时，都从变量的原值推出它的一个新值，当新值满足一定条件后，就得到问题的近似解。

【例 6-7】 用迭代法求方程 x＝cosx 的根，要求误差小于 10^{-7}。

编程思路：此方程无解析根，只能通过迭代法求其数值根，步骤如下。

(1) 令 x1＝0，x2＝cosx1。

(2) 判断|x2－x1|＞＝ 10^{-7}？若是，则执行 x1＝x2，重复执行步骤(2)；否则，计算结束，输出结果。

程序代码如下：

```
#include<stdio.h>
#include<math.h>
int main()
{
    double x1,x2;
    x1=0.0;
    x2=cos(x1);
    while(fabs(x2-x1)>=1e-7)
    {
        x1=x2;
        x2=cos(x1);
    }
    printf("x=%f\n\n",x2);
    return 0;
}
```

程序运行结果如图 6-7 所示。

```
x=0.739085
```

图 6-7 例 6-7 程序运行结果

3）求素数

素数又称质数，是指只能被 1 和它本身整除的自然数。

判定一个整数 K 是否为素数的方法：用 K 去整除 2～K－1 的所有整数，若均不能整除，则 K 为素数；如果存在着一个数能被整数，则可以判定 K 不是素数(其余的数不必再进行整除运算，提前结束循环)。可根据循环变量的值来判断是否为素数，即循环是正常结束？还是提前结束？

判定素数的简便方法：用 K 去试除 2～sqrt(K)的所有整数，判定方法同上。这样可大大减少运算次数，提高效率。

4）求两个整数的最大公约数

假定求整数 m、n 的最大公约数，采用辗转相除法，具体如下：

(1) 比较两个数的大小，把较大数、较小数分别放在 m、n 中。

(2) 用较大数去除较小数，得到一个余数。

(3) 如果余数为 0，则除数（较小数）就是最大公约数，结束运算。

若余数不为 0，则计算除数（较小数）和余数的最大公约数即可（舍去被除数），即较大数换为除数，较小数换为除数。转向执行步骤(2)。

5）利用条件表达式的结果为 1 或 0，可构造"数值型"复杂的表达式

【例 6-8】 设学生有三门课程，sc1、sc2、sc3 表示课程的成绩，请输出至少有两门课程成绩在 80 分及 80 分以上的学生名单。

分析：只要能构造"有两门课程成绩在 80 分及 80 分以上"这一条件，再用循环、if 条件输出符合要求的学生名单就不难。如何构造这一条件呢？假若用传统方法列举，要逐一列出任意两门或三门都在 80 分情况，比较烦琐。如果清楚表达式 sc1＞＝80、sc2＞＝80、sc3＞＝80 的值为 0 或 1，就能构造比较简便的表达式(sc1＞＝80)＋(sc2＞＝80)＋(sc3＞＝80)＞＝2。

6.3 实验内容与步骤

(1)（基础题）编写程序，输出从公元 2000～3000 年所有闰年的年份，每行输出 10 个年份。判定闰年的条件是：

① 年份能被 4 整除，但不能被 100 整除，则是闰年。

② 年份能被 400 整除也是闰年。

提示：循环变量从 2000～3000，然后判断每一个年份是否为闰年，若是，则输出。由于每行只能输出 10 年份，还要定义一个整型变量用于计数。

(2)（基础题）编程打印输出如图 6-8 所示。

提示：可以分别利用两重循环分别输出上三角形、下三角形。

(3)（基础题）已知有式子 xyz＋yzz＝532，其中 x、y、z 为数字，编写程序输出所有满足条件的 x、y 和 z。

提示：可以利用三重循环去列举出所有可能组合，x、y、z 的值只能在 0～9 之间。

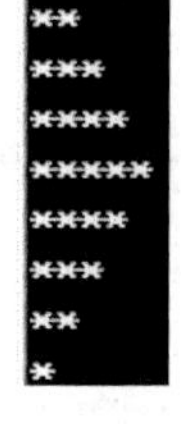

图 6-8 输出图案

(4)（基础题）输出 2～200 的所有素数，每行输出 10 个数字。

(5)（基础题）输入两个正整数，输出它们的最大公约数和最小公倍数。

提示：先求最大公约数，最小公倍数＝这两个数的乘积/最大公约数。

(6)（提高题）用迭代法求 $x=\sqrt{a}$，求平方根的迭代公式是：$x_{n+1}=\left(x_n+\frac{a}{x_n}\right)\Big/2$。要求：先输入 a 值，取 $x_0=a/2$，当前后两次求出的 x 的差的绝对值小于 10^{-7} 时，则输出 x 值。

(7)(提高题)某人用一张100元的纸币去购买价格为7元的商品，请问商家有多少种不同的找零方法。(只考虑找零的全为1元及以上的纸币情况)

(8)(提高题)有a、b、c、d四个小孩踢皮球，不小心打烂了玻璃，老师问是谁干的：

a说："不是我"，b说："是c"，c说："是d"，d说："c冤枉人"

现在已经知道四个人中有三人说了假话，只有一人说了真话。问打烂玻璃的到底是谁？

(9)(提高题)编程实现：将输入的币值转换成大写形式。

输入一个带两位小数的浮点数(整数位数不超过9位，单位为元)，请将其转换成财务要求的大写形式。例如，输入23 769.51，输出"贰万叁仟柒佰陆拾玖元伍角壹分"。

实验7 数 组

7.1 实验目的

(1) 理解数组的作用、特点。

(2) 掌握一维数组和二维数组的定义、引用、初始化,能够与循环结合实现批量数据处理(如输入、输出、比较大小、交换等)。

(3) 熟悉打擂台、冒泡排序、查找等典型算法。

7.2 知识要点

此前介绍的变量都属于基本类型,如整型、字符型、浮点型数据。对于简单的问题,使用这些数据类型就可以了。但是,对于一些包含大量数据需要处理的问题,若仍采用简单的数据类型定义成百上千的变量是不明智的,也不现实。为了有效而方便地处理大批量具有相同数据类型的数据,可以将它们定义为数组,再与循环结合起来,这样可以简化程序,提高效率,十分方便。

1. 数组的概念

数组是具有相同数据类型的变量集合。

数组的特点:数据之间存在着联系,可以把它们当作一个整体来处理,所以它们有相同的数组名。但是,它们又是不同的变量,因此各数组元素的下标不同。其中,只有一个下标的数组称为一维数组,有两个下标的数组称为二维数组,以此类推。

常用的是一维数组和二维数组。

2. 一维数组

1) 一维数组的定义

要使用数组,必须在程序中先定义数组,即通知计算机:由哪些数据组成数组,数组中有多少元素,属于哪个数据类型,否则计算机不会自动地把一批数据作为数组来处理。

定义格式:

```
类型标识符  数组名 [常量表达式]
```

说明:类型标识符指的是数组元素的数据类型,同一数组中各元素的数据类型相同;

数组名表示该连续区的首地址，其命名规则与变量名相同；方括号不能省略，[ ]中的数值表示数组元素的个数，常量表达式中可以包含常量和符号常量，千万不能包含变量。

例如，“int b[N];”(N为常量)，这里的b为一维数组名，其长度为N，即含N个元素，它们分别是b[0]，b[1]，…，b[N－1]，下标范围：0～N－1；每个元素均为变量，它们的数据类型均为int型。

其内存单元分配情况如下：分配N个连续的存储单元，每个单元占4个字节(Visual C++中int型数据占用的字节)，小计4*N字节；数组名b表示该连续区的首地址；[ ]中的数值表示相对数组首地址的偏移量；可用sizeof(b)查看整个数组所占用的字节数。

注意：C语言中，所有数组的下标是从0开始的。

2) 一维数组元素的引用

在定义数组并对其中各元素赋值后，就可以引用数组中的元素。

引用格式：

```
数组名[下标]
```

例如：

```
int a[10];  a[0]=a[5]+a[7]-a[2*3];
```

注意：C语言规定只能逐个引用数组元素，不能一次引用整个数组。

【例7-1】 对10个数组元素依次赋值为0,1,2,3,4,5,6,7,8,9。要求按逆序输出。

编程思路：定义一个长度为10的数组，数据类型为整型，利用循环进行赋值；再设计另一个循环按数组下标从大到小输出这10个元素的值即可。

程序代码如下：

```
#include<stdio.h>
int main()
{
    int i,a[10];
    for (i=0;i<=9;i++)
        a[i]=i;
    for(i=9;i>=0;i--)
        printf("%d ",a[i]);
    printf("\n");
    return 0;
}
```

程序运行结果如图7-1所示。

```
9 8 7 6 5 4 3 2 1 0
```

图7-1 例7-1程序运行结果

3) 一维数组的初始化

为了使程序简洁，常在定义数组的同时，给各数组元素赋值，称为数组的初始化。可以用“初始化列表”方法实现数组的初始化。

初始化格式：

```
数据类型  数组名[常量表达式]={初值列表};
```

说明：

(1) 全部元素都赋了值，则可省略数组长度不写。例如，“int a[5]={1,2,3,4,5};”可写成“int a[]={1,2,3,4,5};”两者等同。

(2) 当给部分元素赋值后，则其余元素以 0 赋值。例如，“int a[5]={1,2};”相当于“int a[5]={1,2,0,0,0};”。

4) 定义、使用一维数组的常见错误

(1) 定义数组时，元素个数用变量表示。

例如：

```
int size=10; int array[size];
```

(2) 定义数组时，使用了括号( )而不是方括号[ ]。

例如：

```
double score(5);
```

(3) 定义数组时，未指明元素个数。

例如：

```
char str[];
```

(4) 引用数组元素时，出现下标越界问题。

例如：

```
int array[5];array[5]=100;
```

3. 二维数组

有的问题需要用二维数组来处理，二维数组包含行下标、列下标，常称为矩阵。

1) 二维数组的定义

要使用二维数组，必须在程序中先定义。

定义的格式：

```
类型标识符 数组名[常量表达式][常量表达式]
```

例如：

```
int b[M][N];                    //M、N 为常量
```

说明：这里的 b 为二维数组名，它有 M 行、N 列，行下标范围为 0～M－1，列下标范围为 0～N－1；该数组共有 M＊N 个元素，元素为 b[0][0]，b[0][1]，…，b[0][N－1]，…，b[M－1][0]，b[M－1][1]，… b[M－1][N－1]；元素的类型均为 int 型。

可以把二维数组看作是一种特殊的一维数组，只是这个一维数组的每一个元素又是一个一维数组。依据这种思路，n 维数组的概念也容易理解，它是一个各元素为 n－1 维

数组的一维数组。

2）二维数组元素的排列顺序

二维数组各元素在内存中的排列顺序是：按行存放，即在内存中先顺序存放第一行的元素，之后再存放第二行的元素，后续各行元素的存放以此类推。例如，int 型数组 a[3][4]在内存中的存放顺序如图 7-2 所示。

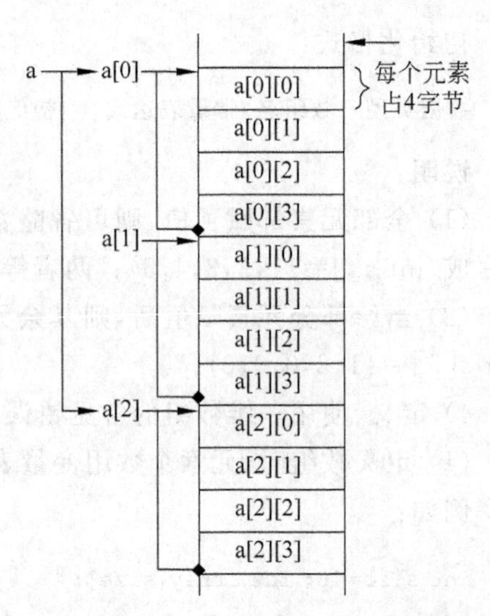

图 7-2 数组 a[3][4]在内存中的存放顺序

3）二维数组元素的引用

与一维数组一样，在定义数组、对其中各元素赋值后，就可以引用数组中的元素。

引用格式：

```
数组名[下标][下标]
```

例如：

```
int a[3][4];
a[2][3]=56;
```

注意：

(1) 在引用数组元素是，下标值应在已定义的数组大小的范围内。

(2) 数组元素个数与数组下标不同。例如，int a[3][4]与 a[3][4]＝100 的区别：前者指的是二维数组有 3 行、4 列；后者指的是行下标为 3、列下标为 4 的数组元素，由于下标都从 0 开始，所以该数组的最后一个元素是 a[2][3]、a[3][4]并不存在。

4）二维数组的初始化

可以用“初始化列表”对二维数组初始化。

初始化格式：

```
数据类型 数组名[下标][下标]={…,…,…};
```

(1) 用{}分行给二维数组所有元素赋初值(这种赋初值方法比较直观)。

例如：

```
int a[3][4]={ {1,2,3,4},{5,6,7,8},{9,10,11,12} };
```

(2) 将所有数据写在一个大括号内，按数组排列的顺序对各元素赋初值。

例如：

```
int a[3][4]={ 1,2,3,4,5,6,7,8,9,10,11,12 };
```

注意：如果对全部元素都赋初值，则定义数组时第一维的长度可以省略，但第二维的长度不能省略。

例如：

```
int a[ ][4]={1,2,3,4,5,6,7,8,9,10,11,12};
```

(3) 只对部分元素赋初值。

① 只对各行第 1 列的元素赋初值,其余元素自动取为 0。

例如:

```
int a[3][4]={ {1},{5},{9} };
```

② 对各行中的一些元素赋初值,其余元素自动取为 0。

例如:

```
int a[3][4]={ {1},{0,6},{0,0,0,11} };
```

③ 只对某几行元素赋初值,其他行的元素自动取为 0。

例如:

```
int a[3][4]={ {1},{5,6} };
```

4. 数组应用举例

引用数组后,就能利用循环进行批量数据运算,实现更为复杂功能。

【例 7-2】 有一个 3×4 的矩阵,要求编程序求出其中值最大值的元素以及其所在的行号和列号。

编程思路:设变量 max 为“擂主”(它的行、列号分别存放到变量 row、colum 中),初值为 a[0][0]。然后每一个元素与“擂主”比较,比“擂主”大的,则成为新“擂主”,并记录下其位置。这种方法称为“打擂台算法”。

程序代码如下:

```
#include<stdio.h>
int main()
{
    int a[3][4]={{10,20,30,40},{80,70,60,50},{120,100,110,90}};
    int i,j,max,row,colum;
    max=a[0][0];                    //先假定 a[0][0]为最大
    for (i=0;i<3;i++)
        for (j=0;j<4;j++)
            if (a[i][j]>max)        //如果某元素大于 max,就取代 max 的原值
            {
                max=a[i][j];
                row=i;              //记下此元素的行号
                colum=j;            //记下此元素的列号
            }
    printf("矩阵中的最大值为: %d,其行号为%d,列号为%d。\n\n",max,row,colum);
    return 0;
}
```

程序运行结果如图 7-3 所示。

```
矩阵中的最大值为: 120, 其行号为2, 列号为0。
```

图 7-3 例 7-2 程序运行结果

问题：如果矩阵有不止一个元素的值与最大值相等，请问又该如何处理呢？

【例 7-3】 已知一个 int 型数组，数据元素分别为{9,5,8,4,0,2}。要求按由小到大的顺序，重新排列数组元素。

编程思路：

(1) 两个相邻元素比较大小，若"前大后小"就交换，否则，就维持原状；当 n 个元素经过 n－1 次这种比较、交换之后，最大值元素就"沉"到最后位置，较小的数上浮，这称为第一趟排序。

(2) 用类似方法解决前面的 n－1 个元素排序问题，经过 n－2 次比较、交换之后，第二大值元素就"沉"到倒数第二个位置，较小的数上浮，这称为第二趟排序。

(3) 以此类推，直到最后 2 个元素经过一次比较后，结束排序。这样一共需要 n－1 趟排序。这种排序方法称为"冒泡排序法"。

程序代码如下：

```
#include<stdio.h>
int main()
{
    int a[6]={9,8,5,4,2,0};
    int i,j,t;
    printf("排序前,数组各元素值:");
    for(i=0;i<6; i++)
            printf("%d ",a[i]);
    printf("\n");
    for(i=0;i<5;i++)
        for(j=0;j<5-i;j++)
            if(a[j]>a[j+1])              //如果"前大后小",就交换
            {
                t=a[j];
                a[j]=a[j+1];
                a[j+1]=t;
            }
    printf("排序后,数组各元素值:");
    for(i=0;i<6; i++)
        printf("%d ",a[i]);
    printf("\n\n");
    return 0;
}
```

程序运行结果如图 7-4 所示。

排序前,数组各元素值:9 5 8 4 0 2
排序后,数组各元素值:0 2 4 5 8 9

图 7-4 例 7-3 程序运行结果

问题：如果要求按从大到小顺序输出，又该如何处理？

【例 7-4】 假定在一维数组中 a[10]保存着 10 个数据 42,55,73,28,48,66,30,65,94,72。编写一个程序：从键盘输入一个数，若查找成功则输出“成功”，并输出该元素的下标位置；否则，输出“失败”信息。

编程思路：

(1) 这 10 个数据存放到数组中，并定义为全局数组(即在函数外定义)。

(2) 编写一个实现查找功能的函数，其参数是需要查找的数据，返回值是查找数据的下标位置或−1(未找到)，查找的实现方法是：用循环逐一比较，若找到就提前结束循环，到最后仍未找到就返回−1。

(3) main()根据调用查找函数的结果来输出信息。

程序代码如下：

```
#include<stdio.h>
const int N=10;
int a[N]={42,55,73,28,48,66,30,65,94,72};        //定义全局数组
int SquenttialSearch(int x)                      //顺序查找函数
{
    for(int i=0;i<N;i++)
        if (a[i]==x) return i;
    return -1;
}
int main(){
    int n,result;
    printf("请输入要查找的整数：");
    scanf("%d",&n);
    result=SquenttialSearch(n);                  //调用查找函数,并返回结果
    if(result==-1)
        printf("数组中未找到整数%d.\n\n",n);
    else
        printf("数组中找到整数%d,它的下标位置为%d.\n\n",n,result);
    return 0;
}
```

程序运行结果如图 7-5 所示。

```
请输入要查找的整数：30
数组中找到整数30，它的下标位置为6。
```

```
请输入要查找的整数：90
数组中未找到整数 90。
```

图 7-5 例 7-4 程序运行结果

7.3 实验内容与步骤

(1)(基础题)有一个数列，它的第一项为 1，第二项为 2，第三项为 3，以后每一项都等于它的前三项之和。使用一维数组编程实现功能：计算该数列的前 20 项并赋值给数组，然后以逆序方式输出，每一行 5 个数据。运行界面如图 7-6 所示。

(2)(基础题)青年歌手大奖赛，有 7 名评委进行打分，分数取值范围为 0.0～10.0，试

编程实现如下功能：从键盘输入 7 位评委给某一选手的评分，之后计算、输出该选手的平均得分（计算规则：去掉一个最高分和一个最低分，求出剩余 5 个得分的平均值）。运行界面如图 7-7 所示。

```
 101902    55403    30122    16377     8904
   4841     2632     1431      778      423
    230      125       68       37       20
     11        6        3        2        1
```

图 7-6 程序运行结果

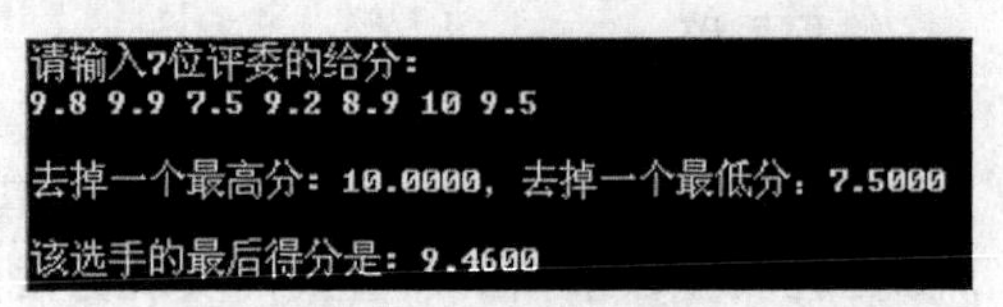

图 7-7 程序运行结果

提示：使用一维数组来保存 7 位评委的给分，先计算所有评委给分总和，并找到最高分、最低分，然后用给分总和-最高分-最低分，再除 5 得到选手的平均得分，最后输出。

(3)（基础题）计算如图 7-8 所示的矩阵之和，要求先输出这两个矩阵，再输出求和后矩阵。

提示：矩阵之和是对应元素相加，可用二维数组来实现。

(4)（基础题）从键盘输入 8 个整数，请用冒泡排序法，从大到小排序，并输出排序后的结果。

(5)（提高题）以下程序的功能是输入一个整数（10 位数以内），以逆序方式输出，若一开始为 0，则不输出，如图 7-9 所示。请根据题意和注释，填写程序所缺代码。

$$\begin{bmatrix} 3 & 0 & 4 & 5 \\ 6 & 2 & 1 & 7 \\ 4 & 1 & 5 & 8 \end{bmatrix} + \begin{bmatrix} 1 & 4 & 0 & 3 \\ 2 & 5 & 1 & 6 \\ 9 & 3 & 6 & 0 \end{bmatrix}$$

图 7-8 矩阵运算

图 7-9 程序运行界面

提示：应考虑如何控制才能让逆序后的数字不输出以 0 开头？

编程思路：

① 设置一个一维数组存放以逆序方式存放输入整数的各位数字。

② 定义一个变量存放整数的长度。

③ 设置一个标志符来控制是否允许打印，初值为 0；若一开始连续的数字是 0，则不允许打印，若从非 0 数字开始，则可以打印。

④ 若标志符的最后状态还是 0，则可判定输入的数据是 0，逆序后的结果输出 0。

程序代码如下：

```
#include <stdio.h>
const int N=10;                             //定义可处理整数的最大位数
int main()
{
    int num[N]={0};                         //以逆序方式存放输入整数的各位数字
    int n,i;
    printf("请输入一个长度不超过%d位正整数：",N);
    scanf("%d",&n);
    i=0;
```

```
    do                                           //将输入整数的各位数以逆序方式存放
    {
        num[i]=________;
        i++;
        n=n/10;
    }while(n>0);
    int length;                                  //设置一个变量存放输入整数的长度
    length=________;                             //获取整数长度
```

/* 设置一个标志符来控制是否允许打印,初值为 0,如一开始连续的数字是 0,则不允许打印,若从非 0 数字开始,则可以打印 */

```
    int isPrinted=0;
    printf("\n以逆序方式输出的整数: ");
    for(i=0;i<________;i++)
    {
        if(isPrinted==0)                         //原先不可以打印
        {
            if(num[i]!=0)                        //非 0 数字,改变打印状态
                isPrinted=________;
        }
        if (isPrinted)                           //若为打印状态,则输出数字
            printf("%d",________);
    }
    if(isPrinted==0)    //若最后状态还是不可以打印(可以判定输入的是 0),则逆序结果也为 0
        printf("%d",0);
    printf("\n\n");
    return 0;
}
```

(6)(提高题)利用二维数组编程实现功能：输入一个整数 n(n 不超过 10)，输出 n 行的杨辉三角形。程序运行结果如图 7-10 所示。

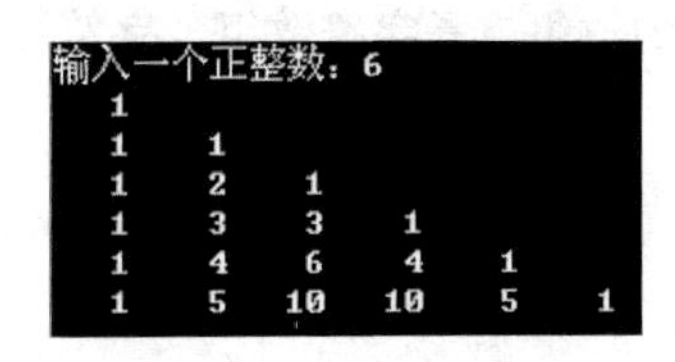

图 7-10　程序运行界面

提示：

(1) 第 1 列(即所有列序号为 0)的数字有什么规律？对角线上的数字有什么规律？

(2) 其余的数字与上一行数字有什么关系？

实验8 字符数组与字符串

8.1 实验目的

(1) 掌握字符串的输入、输出的多种方法。

(2) 熟悉字符串处理的主要环节——用循环处理字符数组中的元素,理解字符串结束标志的作用。能根据实际需要,有效处理字符串。

(3) 掌握字符串常用处理函数的用法。

(4) 熟悉字符串的比较、交换、排序等算法。

8.2 知识要点

编写程序时,经常要输出一些字符信息,这些信息通常是由多个字符组成的。有了数组的基础,就可以将数组元素定义为char类型,用数组来存放字符信息。C语言本身并没有设置一种类型来定义字符串变量,字符串的存储完全依赖于字符数组,只是在其尾部添加了结束标志'\0',由此可知,字符串与字符数组既有联系,又有区别。

字符串处理的主要环节是:用循环逐一处理字符数组中的各元素。此外,C语言还提供了一些字符串操作的专用函数。

1. 字符数组

用来存放字符型(char)数据的数组就是字符数组。字符数组中的一个元素存放一个字符。

1) 字符数组的定义

定义方法与定义数值型数组的方法类似。

例如:

```
char c[7];
```

2) 字符数组的初始化

若在定义字符数组时不进行初始化,则数组中各元素的值是不可预料的。字符数组的初始化方法使用“初始化列表”的方式,把各个字符依次赋值给数组中各元素。

字符数组初始化的格式为:

```
char 数组名[常量表达式]={初值列表}
```

例如：

```
char ch[10]={'I',' ','a','m',' ','h','a','p','p','y'};
```

说明：

(1) 如果花括号中提供的初值个数大于数组长度，则出现语法错误。

(2) 若初值个数小于数组长度，则只将这些字符赋给数组中前面那些元素，其余元素自动为空字符。

(3) 若提供的初值个数等于数组长度相同，在定义时可以省略数组长度，系统会自动根据初值个数确定数组长度。

例如：

```
char ch[]={'I',' ','a','m',' ','h','a','p','p','y'};
```

3) 字符数组元素的引用

可以引用字符数组中的元素，得到对应的字符。

字符数组元素的引用的格式：

```
数组名[下标]
```

【例 8-1】 输出一个菱形图案。

编程思路：

(1) 用二维字符数组保存各行的菱形图案(用初始化列表赋值)。

(2) 用二重循环输出各字符。

程序代码如下：

```
#include<stdio.h>
int main()
{
    char diamond[][5]={{' ',' ','*'},{' ','*',' ','*'},{'*',' ',' ',' ','*'},{'
','*',' ','*'},{' ',' ','*'}};
    int i,j;
    for (i=0;i<5;i++)
    {
        for (j=0;j<5;j++)
            printf("%c",diamond[i][j]);
        printf("\n");
    }
    return 0;
}
```

程序运行结果如图 8-1 所示。

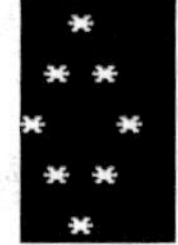

图 8-1　例 8-1 程序运行结果

2. 字符串

在 C 语言中，字符串是借助于字符型一维数组来存放的，并规定以字符'\0'作为"字符串结束标志"。

1) 字符串常量

字符串常量即是用一对双引号括起来的一串字符。

双引号是字符串的起、止标志符，不属于字符串本身的字符，如"ipad"、"I am happy"、"广州大学华软软件学院"、"VB\tVC\tJava\n"等都是字符串。

字符串常量中的字符可以是普通字符或转义字符，普通字符是原样输出，转义字符实现特殊功能。

字符串常量的作用：输出提示信息和运行结果，或当作文本信息处理。

字符串常量的长度：双引号内所有字符的实际长度，不包括字符串结束标志。其计算方法是，每个ASCII码字符的长度为1，每个区位码字符(如汉字)的长度为2。例如，"I am happy"的长度为10，"广州大学华软软件学院"的长度为20，"VB\tVC\tJava\n"长度为11，空串""长度为0。

2) 字符串

在C语言中，字符串是借助于字符型一维数组来存放的，如“char s[10]= "China"”。

在实际工作中，人们关心的往往是字符串的有效长度而不是字符数组的长度，为了确定字符串的实际长度，C语言规定以字符‘\0’作为“字符串结束标志”。

‘\0’是转义字符，代表ASCII码为0的字符，该字符不是一个可以显示的字符，而是一个“空操作符”，即它什么也不做。用它作为字符串结束标志不会产生附加的操作或增加有效字符，只是一个供辨别的标志而已。

注意：存储字符串的数组长度≥字符串的长度+1，即假设一个字符串的长度为n，则用于存储该字符串的数组的长度至少应为n+1。

3. 字符串的输入输出

字符信息的输入输出有多种方法。

1) 逐个字符输入输出

借助循环、使用格式符“%c”输入或输出一个字符，如例8-1，这种方法比较费力。

2) 将整个字符串一次输入或输出

使用“%s”格式符。

例如：

```
char str[10]="China";printf("%s",str);
```

说明：

(1) 输出结果中不包含‘\0’。

(2) printf()中的输出项是字符数组名(表示起始地址)，不是数组元素。

(3) 输出内容遇到‘\0’终止，如果有多个‘\0’，遇到第一个‘\0’结束。

(4) 当字符数组长度超过字符串的实际长度，只输出遇到的第一个‘\0’前的内容。

由上可知，只要确定了字符串的起始地址、结束位置，就能实现字符串的整体输入、输出。

注意：scanf( )中的输入项是字符数组名(表示地址)，不要再加上取地址符&，scanf(“%s”,&s)是错误的。一个scanf()输入多个字符串时，应在输入时以空格分隔。

3）使用函数输入输出字符串

（1）字符串输出函数。

格式：

```
puts(字符数组)
```

作用：输出存放在字符数组中的字符串。

（2）输入字符串函数。

格式：

```
gets(字符数组)
```

作用：将输入字符串（包括空格）存放到字符数组中。

说明：这两个函数一次只能处理一个字符串，不能同时处理两个或两个以上字符串。例如：puts(str1,str2)和 gets(str1,str2) 均不正确。

4．字符串处理函数

C 语言提供了一些字符串处理函数，它们放在函数库中，使用时要先包含 string.h 头文件。

1）求字符串长度函数

原型：

```
int strlen(const char s[])
```

功能：计算字符串 s 的实际长度，不包括结束符'\0'。

例如：

```
char str1[]="C语言程序设计";
char str2[]="C\tC++\tC#\tJava\n";
printf("%s 的长度: %d\n",str1,strlen(str1));
printf("%s 的长度: %d\n",str2,strlen(str2));
```

2）字符串复制函数

原型：

```
char * strcpy(char * dest,char * src)
```

功能：将字符串 src 的内容复制到 dest 字符串中。

例如：

```
char str1[]="C语言程序设计";
char str2[30];
strcpy(str2,str1);
printf("str2内容: %s,长度: %d\n",str2,strlen(str2));
```

注意：dest 必须足够大，能够保存 src 的内容，否则出现溢出错误。

3）字符串连接函数

原型：

```
char * strcat(char * dest,char * src)
```

功能：将字符串 src 的内容连接到 dest 的尾部。

例如：

```
char str1[30]="广州大学";
char str2[]="华软软件学院";
strcat(str1,str2);
printf("str1内容：%s,长度：%d\n",str1,strlen(str1));
```

4）字符串比较函数

原型：

```
int strcmp(char * s1,char * s2)
```

功能：按 ASCII 码(或区位码)逐一比较字符串 s1 与 s2 的对应字符，一旦有比较结果或遇到'\0'就停止比较。返回值为 0，说明两个字符串相等；返回正数时，表示"大于"；返回负数时，表示"小于"。

5）大小写转换函数

原型：

```
char * strupr(char * s)
```

功能：将小写字符转换成大写。

原型：

```
char * strlwr(char * s)
```

功能：将大写字符转换成小写。

【例 8-2】 大小写转换函数的使用。

编程思路：定义一个字符串，包含大写字母，再调用大小写转换函数，并输出。

程序代码如下：

```
#include<stdio.h>
#include<string.h>
int main()
{
    char s[]="AaBbCcDd1234";
    printf("upper:%s,长度:%d\n",strupr(s),strlen(strupr(s)));
    printf("lower:%s,长度:%d\n",strlwr(s),strlen(strlwr(s)));
    return 0;
}
```

程序运行结果如图 8-2 所示。

图 8-2 例 8-2 程序运行结果

5. 字符串的应用举例

【例 8-3】 自己编写一个函数 my_strcpy()实现字符串复制功能。

编程思路：先定义一个长度足够的字符数组用于保存目标字符串，然后利用循环将源字符串的字符逐一复制到目标字符中，直至遇到字符串结束标志'\0'为止。由于源字符串中的'\0'不会被复制到目标字符串中，需要人为在目标字符串后加上'\0'，保证字符串有结束标志符。

程序代码如下：

```
#include<stdio.h>
void my_strcpy(char dest[],char src[])          //函数定义
{
    int i;
    for(i=0;src[i]!='\0';i++)
        dest[i]=src[i];                         //利用循环逐一复制
    dest[i]='\0';                               //在目标字符尾部加上'\0'
}
int main()
{
    char str1[60],str2[60];
    printf("请输入一个字符串:");
    gets(str1);
    my_strcpy(str2,str1);                       //调用 my_strcpy 函数复制字符串
    printf("复制后的字符串:%s\n\n",str2);
  return 0;
}
```

程序运行结果如图 8-3 所示。

```
请输入一个字符串:C language
复制后的字符串:C language
```

图 8-3　例 8-3 程序运行结果

问题：

(1) 字符串处理的主要工作是什么？

(2) 有人认为在 my_strcpy()函数定义中，可将循环条件 src[i]!='\0'简化为 src[i]，这种想法是否正确？

【例 8-4】 输入一行字符，统计其中有多少个单词，单词之间用空格分离开。

编程思路：主要难点是“如何判断一个新单词”，单词的计数容易实现。“判断一个新单词”要通过扫描字符数组中的每一字符来实现，依据当前字符是否为字符以及前一字符是否为空格来判断(num 是单词计数变量，word 作为当前字符是否为新单词开始标志，word 为 1 时表示新单词开始，0 表示未出现新单词)。对应的 N-S 流程图如图 8-4 所示。

程序代码如下：

```
#include<stdio.h>
#include<string.h>
int main()
{
    char string[100];
```

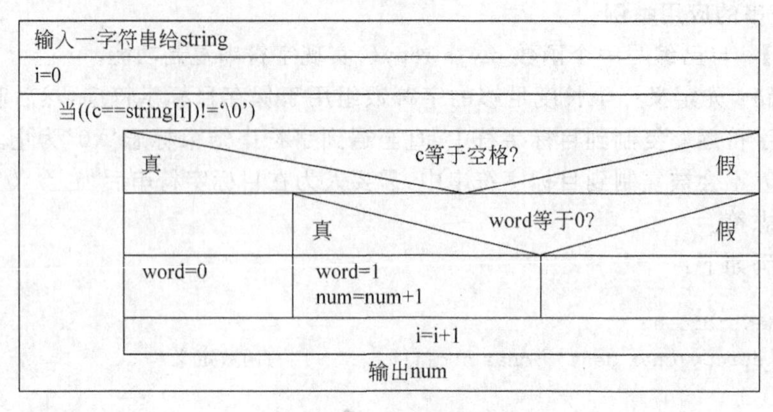

图 8-4 N-S 流程图

```
    int i,num=0,word=0;
    char c;
    printf("请输入一个由若干单词组成的字符串：\n");
    gets(string);                               //输入一个字符串给字符数组 string
    for(i=0;(c=string[i])!='\0';i++)            //只要字符不是'\0'就继续执行循环
        if(c==' ')
            word=0;                             //如果是空格字符,使 word 置
        else if(word==0)                        //如果不是空格字符且 word 原值为
        {
            word=1;                             //word 置 1
            num++;                              //num 累加,表示增加一个单词
        }
    printf("该字符串中包含的单词数是%d 个\n\n",num);

    return 0;
}
```

程序运行结果如图 8-5 所示。

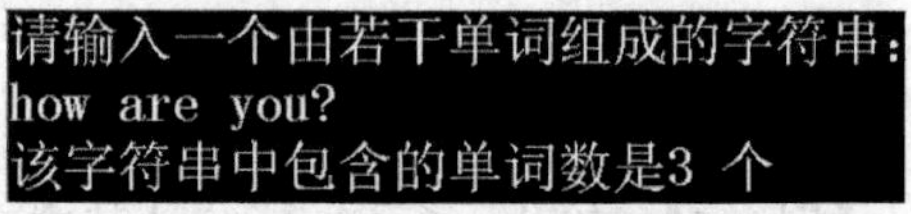

说明：为检验程序功能，输入字符串时有意在 you 之前加了几个空格，这不影响判定单词个数。

```
请输入一个由若干单词组成的字符串:
how are  you?
该字符串中包含的单词数是3 个
```

图 8-5 例 8-4 程序运行结果

【例 8-5】 有 3 个字符串，要求找出其中的最大者。

编程思路：

(1) 用一维字符数组可以存放一个字符串，这里可定义一个二维字符数组来存放三个字符串。

(2) 三个数值找最大值可以通过"打擂台"算法，即两两比较，把较大值存放"擂主"变量中，之后各变量与"擂主"比较，若大于"擂主"值，它就成为新"擂主"，用新值取代旧值，依此类推，最后的"擂主"值就是最大值。

(3) 字符串比较不同是：不能用关系运算符，而是要用专门的字符串比较函数 strcmp()，也不能直接用"="运算符进行字符串赋值，而是调用字符串复制函数来实现。

对应的 N-S 流程图如图 8-6 所示。

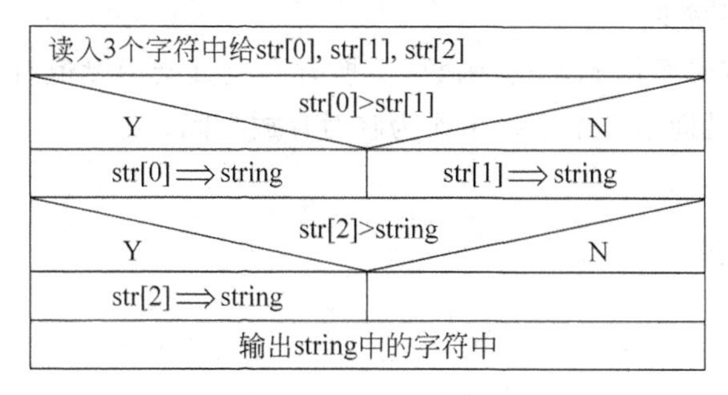

图 8-6 N-S 流程图

程序代码如下：

```
#include<stdio.h>
#include<string.h>
int main()
{
    char str[3][20];                    //定义二维字符数组
    char string[20];                    //定义一维字符数组,用来存放最大值"擂主"字符串
    int i;
    printf("请输入个字符串：\n");
    for (i=0;i<3;i++)
        gets (str[i]);                  //读入个字符串,分别赋值给 str[0],str[1],str[2]
    if (strcmp(str[0],str[1])>0)        //若 str[0]大于 str[1]
        strcpy(string,str[0]);          //把 str[0]的字符串赋给字符数组 string
    else                                //若 str[0]小于等于 str[1]
        strcpy(string,str[1]);          //把 str[1]的字符串赋给字符数组 string
    if (strcmp(str[2],string)>0)        //若 str[2]大于 string
        strcpy(string,str[2]);          //把 str[2]的字符串赋给字符数组 string
    printf("3个字符串中最大的字符串是：%s\n\n",string);
    return 0;
}
```

程序运行结果如图 8-7 所示。

```
请输入3个字符串：
Beijing
Shanghai
Guangzhou
3个字符串中最大的字符串是：Shanghai
```

图 8-7 例 8-5 程序运行结果

【例 8-6】 编写一个程序，首先输入 M 个字符串到二维字符数组中，并假定每一个字符串的长度均小于 N，M 和 N 为事先定义的整型常量，接着输入 M 个字符串进行选择排序，最后输出排序结果(假定 M=5，N=30)。

编程思路：

(1) 选择排序也是排序的一种方法，与冒泡排序有相似之处，但也有不同之处。相似之处是经过 n－1 趟(n 为排序元素的个数)完成排序，每一趟排序都是在待排序的元素中得到最小值(或最大值)；不同之处是每一趟得到最小值(或最大值)的方法不一样，选择排序法不是相邻元素两两比较，若不符合要求就交换，而是通过“打擂台”方法得到最小值

(或最大值),并记录该元素的位置,一趟比较完后再进行一次交换(也可能不需要交换),这样交换的次数可以减少。

(2) 字符串比较时要用 strcmp 函数,交换时不能直接用赋值符=,而是要用 strcpy 函数复制,当然也要借助第三个字符串作为临时存放空间。

程序代码如下:

```
#include<stdio.h>
#include<string.h>
const int M=5;                                    //定义常量,下同
const int N=30;
void SelectSort(char str[M][N])                   //对字符串进行选择排序函数{
{
    int i,j,k;
    char temp[N];                                 //用于字符串交换时当作中间存放空间
    for(i=0;i<M-1;i++){                           //进行 M-1 次选择和交换
        k=i;                                      //给 k 赋初值
        for(j=i+1;j<M;j++)                        //选择出待排序元素中的最小值 str[k]
            if(strcmp(str[k],str[j])>0)           //进行字符串比较
                k=j;                              //记录较小值的位置
        if (i! =k) {                              //利用字符串复制函数交换 str[i]与 str[k]的值
            strcpy(temp,str[i]);
            strcpy(str[i],str[k]);
            strcpy(str[k],temp);
        }
    }
}
int main()
{
    char s[M][N]; int i;
    printf("请输入% d个字符串:\n",M);
    for (i=0;i<M;i++)
        gets (s[i]);
    SelectSort(s);                                //调用函数进行选择排序
    printf("\n 排序后字符串:\n");
    for (i=0;i<M;i++)
        puts (s[i]);
    printf("\n");
    return 0;
}
```

程序运行结果如图 8-8 所示。

```
请输入5个字符串:
亚洲
欧洲
美洲
非洲
大洋洲

排序后字符串:
大洋洲
非洲
美洲
欧洲
亚洲
```

图 8-8 例 8-6 程序运行结果

8.3　实验内容与步骤

(1)(基础题)编程实现：先定义三个元素个数同为 21 的字符数组 str1、str2、str3，之后分别用 getchar()/putchar()、带"%s"格式符的 scanf()/printf()、gets()/puts()实现输入输出功能，程序运行结果如图 8-9 所示。

```
请输入一个长度不超过20的字符串(用getchar()实现):
What are you doing?
请输入一个长度不超过20的字符串(用gets()实现):
I am reading a book.
请输入一个长度不超过20的字符串(用带"%s"scanf()实现):
What about you?

输出结果:
用putchar()实现: What are you doing?
用带puts()实现): I am reading a book.
用带"%s"printf()实现: What
```

图 8-9　程序运行结果(1)

问题：

① 用 getchar()/putchar()输入输出字符时，如何判断循环结束？

② 用带"%s"格式符的 scanf()输入时，可以输入空格码？而 getchar()、gets()又如何？

③ 用什么方式输入、输出字符串最简便？

(2)(基础题)输入一个字符串，请编程统计其中的字母、数字、空格(含制表符)、标点符号的个数并输出。程序运行结果如图 8-10 所示。

```
请输入一个长度不超过200的字符串:
I have 200 books.
该字符串的字母个数: 10, 数字个数: 3, 空格个数: 3, 标点个数: 1
```

图 8-10　程序运行结果(2)

提示：上网或查阅相关资料，了解字符和字符串函数，如 isalpha()判断字母函数、isdigit()判断数字函数、isspace()判断空格函数、ispunct()判断标点函数等。在程序中加上相应头文件后可直接调用这些函数。

(3)(基础题)编写程序实现如下功能：先定义两个长度为 31 的字符数组 str1、str2，然后输入两个字符串保存到 str1、str2 中；现调用字符串处理函数分别进行下列操作：

① 分别计算两个字符串的长度并输出。

② 输出两个字符串中的较大值。

③ 再定义一个字符数组 str，将 str1、str2 两个字符串合并存至 str 中并输出。

程序运行结果如图 8-11 所示。

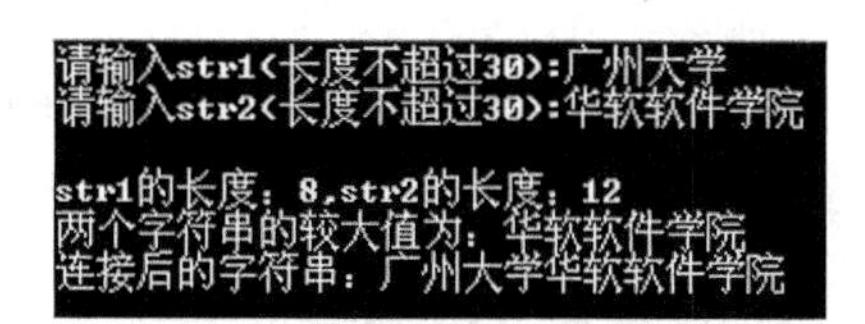

图 8-11　程序运行结果(3)

(4)(基础题)下面程序的功能是，将一个字符串 str 的内容以反序方式存储，请填写所缺程序代码。

```
#include<stdio.h>
#include< ① >
int main()
{
    int i,j,k;
    char str[]="1234567890ABCDEF";
    printf("反序前: %s\n",str);
    for(i=0,j= ② ; ③ ; i++,j--)
    {
        k=str[i];
        str[i]= ④ ;
        str[j]=k;
    }
    printf("反序后: %s\n\n", ⑤ );
    return 0;
}
```

提示：反序存储一个已存在字符串，就是将字符数组中首尾对应的元素两两交换。可用两个变量 i 和 j 标识交换位置，i 是前端元素的下标，j 是后端元素的下标，交换的是 str[i]和 str[j]。初始时，i 和 j 分别指向字符串的两端，每次交换后，i 和 j 分别向中间移动。重复以上过程，直至字符串所有字符反序为止。

(5)（基础题）编写函数 int my_strlen(char str[])，其功能是计算字符串的长度；然后，在 main()中输入一个字符串，调用该函数输出其长度。

(6)（基础题）编写函数 void my_strcat(char str1[],char str2[])，其功能是将字符串 str2 内容追加到 str1 尾部；然后，在 main()中定义、输入两个字符串，调用该函数检验能否实现相应功能。

(7)（提高题）输入 6 个英文单词，要求按从小到大排序并输出。程序运行结果如图 8-12 所示。

图 8-12 程序运行结果(4)

实验9 函 数 (1)

9.1 实验目的

(1) 熟练掌握函数的定义、声明和调用方法。

(2) 熟悉函数的嵌套调用。

(3) 熟悉函数的递归调用,能根据具体情况编写递归函数。

9.2 知识要点

1. 为什么要用函数

1) 问题的提出

如果程序的功能比较多,规模比较大,把所有代码都写在 main()中,会使主函数变得庞杂、头绪不清,阅读和维护变得困难;有时程序中要多次实现某一功能,就需要多次重复编写实现此功能的程序代码,会导致程序冗长,不精炼。

2) 解决的方法

采用模块化的程序设计方法可以解决上述问题。

模块化的程序设计思路是:把一个大程序模块划分为由若干小模块组成,而每一模块包含一个或多个函数,每个函数实现一个特定的功能,体现了"功能分解,逐步求精"的思想。

函数(function)的基本含义就是"功能",每一个函数用来实现一个特定的功能。函数的名字应反映其代表的功能,如 int max(int a,int b)实现的功能是取最大值。C 程序可由一个 main()和若干个其他函数构成,main()可以调用其他函数,函数之间允许互相调用(main 函数除外),同一个函数可以被其他函数调用多次,如图 9-1 所示。

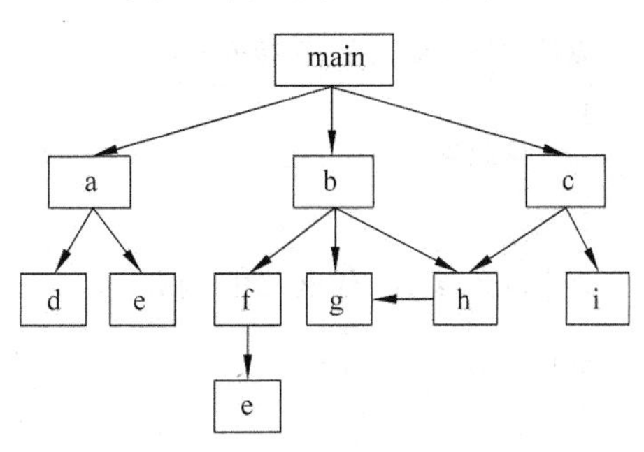

图 9-1 函数调用关系图

编程时,既可以使用自己编写的函数,也可以使用系统提供的库函数。

注意:函数一定要有名称和括号,千万不能省略这两项。

2. 函数的定义

C语言要求,在程序中用到的所有函数,必须"先定义,后使用",这一点与变量要求相同。

函数定义就是要将函数的名字、函数的返回值类型、参数(类型、个数、顺序)以及函数实现的功能等信息通知编译系统,这样调用函数时,就能找到对应的函数,实现指定的功能。

根据有无参数,可将函数分为无参函数、有参函数两种类型,它们的定义方法如下:

1) 无参函数的定义

格式:

```
返回类型  函数名()
{
    函数体
}
```

例如,无参数、无返回值函数:

```
void wait()
{
    printf("程序正在运行,请稍候…\n");
}
```

例如,无参数、有返回值函数:

```
float input()
{
    float f;
    printf("请输入一个实数:");
    scanf("%f",&f);
    return f;
}
```

2) 有参函数的定义

格式:

```
返回类型  函数名(形参列表)
{
    函数体
}
```

例如,有参数、有返回值函数:

```
int add(int x,int y)
{
    int z;
    z=x+y;
```

```
    return z;
}
```

例如,有参数、无返回值函数:

```
void print_array(int a[],int n)
{
    int i;
    for (i=0; i<n; i++)
        printf("%d  ",a[i]);
}
```

说明:

(1) 系统提供的库函数已定义好,用户无须再定义。

(2) 数组名代表的是数组的首地址,如果函数的参数为数组,则一维数组可以省略维的大小,二维数组时可以省略第一维的大小、但必须给出第二维的数值。

注意: 函数不允许嵌套定义,即不允许在一个函数中定义另一个函数。

3. 函数的调用

基本格式:

```
函数名([实参列表])
```

函数调用就是将实参一一传递给形参,再执行函数定义的程序代码,实现相应功能。

1) 函数调用的形式

(1) 函数调用语句:如"printf_star();"这种方式把函数调用单独作为一条语句,这时不要求函数返回值,只要求函数完成一定的操作,通常函数的返回值为void。

(2) 函数表达式:如"c=max(a,b);"这种方式的函数调用出现在另一个表达式中,这时要求函数返回一个确定的值,以参加表达式的运算。

(3) 作为函数的参数:如"m=max(a,max(b,c));"这种方式是将函数调用结果作为另一函数调用时的实参,这里的max(b,c)是一次函数调用,它的结果作为max()另一次调用的一个实参。

2) 函数调用时的数据传递

在调用函数过程中,系统会把实参的值传递给被调用函数的形参,也就是说,形参从实参得到一个值,该值在函数调用期间有效,可以参加被调用函数中的运算。

【例9-1】 输入两个整数,要求输出其中值较大者。要求用函数来找到较大数。

编程思路:

(1) 函数名应是见名知意,现定名为max。

(2) 由于给定的两个数是整数,返回主调函数的值(即较大数),应该是整型。

(3) max函数应当有两个参数,以便从主函数接收两个整数,因此参数的类型应当是整型。

程序代码如下:

```
#include<stdio.h>
```

```
int main()
{
    int max(int x,int y);                      //函数声明
    int a,b,c;
    printf("please enter two integer numbers:");
    scanf("%d%d",&a,&b);
    c=max(a,b);
    printf("max is %d\n",c);
}
int max(int x,int y)                           //定义 max 函数
{
    int z;                                     //定义临时变量
    z=x>y?x:y;                                 //把 x 和 y 中较大者赋给 z
    return(z);                                 //把 z 作为 max 函数的返回值带回 main 函数
}
```

程序运行结果如图 9-2 所示。

形参和实参是两套不同的参数(即使实参、形参同名也是如此),函数调用时参数的传递如图 9-3 所示。

```
please enter two integer numbers:19 -200
max is 19
```

图 9-2　例 9-1 程序运行结果

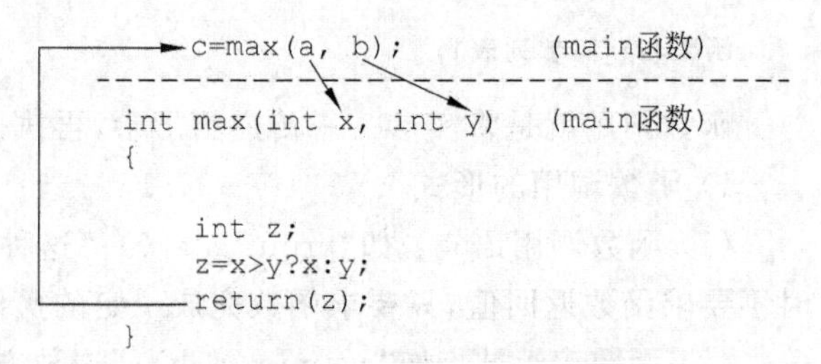

图 9-3　函数调用时的参数传递

3) 函数调用的过程

正确理解"函数调用时,实参与形参值传递方式"非常重要,可以分解为三个阶段:

(1) 在定义函数中指定的形参,在函数调用之前,并不占用内存中的存储单元。

(2) 在调用函数时,形参列表的各参数通过一一对应关系从实参列表中获得对应的值,这种"值传递"是单向的,只能是从实参到形参,反过来并不成立。也就是说,在执行被调用函数时,如果形参的值发生改变,并不会影响主调函数的实参值。

(3) 一旦函数调用结束,形参的存储单元被释放;实参的存储单元仍保留并维持原值,没有改变。

【例 9-2】 输入两个整数,要求用函数交换两个变量的值,再在主调用函数中输出这两个变量的值。

编程思路:

(1) 编写一个名为 swap 函数来交换两个变量的值,该函数有两个形参、无返回值。

(2) main()输入两个整数的值,再调用 swap 函数。

(3) 再输出两个实参的值。

程序代码如下：

```
#include<stdio.h>
int main()
{
    void swap(int p1,int p2);                //函数声明
    int a,b;
    printf("请输入整数 a、b 的值(用空格分开):");
    scanf("%d%d",&a,&b);
    printf("调用 swap 函数前：a=%d,b=%d\n",a,b);
    swap(a,b);                               //函数调用
    printf("调用 swap 函数后：a=%d,b=%d\n\n",a,b);
    return 0;
}
void swap(int p1,int p2)                     //函数定义
{
    int temp;
    temp=p1;
    p1=p2;
    p2=temp;
}
```

程序运行结果如图 9-4 所示。

实参、形参间参数的传递过程如图 9-5 所示。

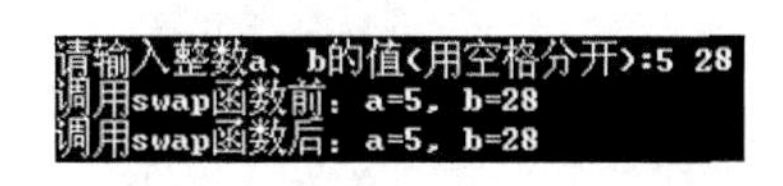

图 9-4　例 9-2 程序运行结果

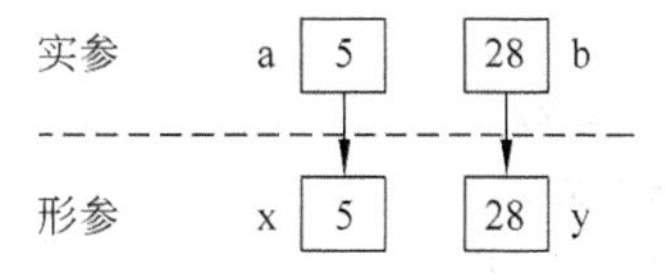

图 9-5　值传递的单向性

提示：上述程序不能成功交换两个变量值的原因是形参值的改变不影响实参，可用指针来加以改进。

4）函数的返回值

函数的返回值是通过函数中的 return 语句来获得，格式如下：

```
return 表达式;
```

或

```
return (表达式);
```

return 语句的作用有两个：一是结束函数；二是将函数运算结果带回给主调用函数。

一个函数中可以有多条 return 语句，执行到哪一条 return 语句，哪一个 return 就起作用；return 语句后面的括号可有可无。如果在函数定义时，表达式类型与函数类型不一致，则以函数类型为准。

4. 函数的声明

函数声明就是对函数的原型进行说明，告诉编译系统所调用函数的基本信息，执行时再找到函数定义的具体代码运行即可。

函数原型格式：

```
返回类型 函数名([形参列表]);
```

它给出了该函数的返回类型、函数名、参数的类型及顺序等基本信息(除功能外)，如 int add(int x,int y)。由于它不是定义函数，还允许省略函数原型中形参列表中的变量名，但类型不能省略，如“int add(int,int);”声明与前面声明功能相同。

问题：*函数声明与函数定义有什么不同？*

说明：

(1) 如果先定义了函数，则无须进行函数的声明，直接调用即可。

(2) 若函数调用在前，定义在后，则需要在调用前进行函数的声明，否则会出错。

(3) 库函数的声明已包含在相关头文件中，使用前应先有预处理语句 #include <头文件>，再调用函数。

【例 9-3】 输入两个实数，用一个函数求出它们之和，再输出结果。

编程思路：现用“不进行函数声明”和“需要函数声明”两种不同方法来实现。

方法 1：先定义函数，再调用函数，不需要进行函数原型的声明。

程序代码如下：

```
#include<stdio.h>
float add(float x,float y)                        //函数定义
{
    float z;
    z=x+y;
    return(z);
}
int main()
{
    float a,b,c;
    printf("Please enter a and b: ");
    scanf("%f%f",&a,&b);
    c=add(a,b);                                   //函数调用
    printf("sum is %f\n\n",c);
    return 0;
}
```

程序运行结果如图 9-6 所示。

```
Please enter a and b: 20 30
sum is 50.000000
```

图 9-6 例 9-3-1 程序运行结果

方法 2：函数调用在先、定义在后，函数调用前需要进行函数声明。

程序代码如下：

```
#include<stdio.h>
void main()
{
    float add(float x,float y);               //调用前需要进行函数原型声明
    float a,b,c;
    printf("Please enter a and b: ");
    scanf("%f%f",&a,&b);
    c=add(a,b);                               //函数调用
    printf("sum is %f\n\n",c);
}
float add(float x,float y)                    //函数定义
{
    float z;
    z=x+y;
    return(z);
}
```

程序运行结果如图 9-7 所示。

从程序运行结果来看，方法 1 与方法 2 的结果完全相同。

5. 函数的嵌套调用

虽然 C 语言不允许嵌套定义函数，但允许函数嵌套调用。也就是说，在调用一个函数的过程中，又可以调用另一个函数。函数的嵌套调用关系如图 9-8 所示。

```
Please enter a and b: 20 30
sum is 50.000000
```

图 9-7　例 9-3-2 程序运行结果

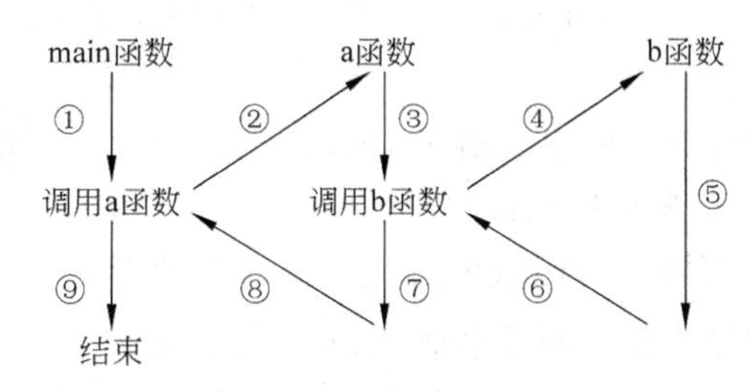

图 9-8　函数嵌套调用关系

【例 9-4】　输入 4 个整数，找出其中最大的数。要求用函数的嵌套调用来处理。

编程思路：

(1) 先定义一个 max2 函数，其功能是找出两个数中的较大者。

(2) 再定义一个 max4 函数，在其中通过多次调用 max2()的方法，实现找到 4 个数中最大者的目的。

(3) main 函数通过调用 max4 函数，找出 4 个具体整数中最大者并输出。

程序代码如下：

```
#include<stdio.h>
```

```
int main(void)
{
    int max4(int a,int b,int c,int d);                //对max4函数的声明
    int a,b,c,d,max;
    printf("Please enter 4 interger numbers: ");      //提示输入个数
    scanf("%d%d%d%d",&a,&b,&c,&d);                    //输入个数
    max=max4(a,b,c,d);                                //调用max4函数
    printf("max=%d \n\n",max);                        //输出个数中的最大者
    return 0;
}
int max4(int a,int b,int c,int d)                     //对max4函数的定义
{
    int max2(int a,int b);                            //对max2的函数声明
    int m;
    m=max2(a,b);          //调用max2函数,得到a和b两个数中的较大者,放在m中
    m=max2(m,c);          //调用max2函数,得到a,b,c三个数中的较大者,放在m中
    m=max2(m,d);          //调用max2函数,得到a,b,c,d四个数中的较大者,放在m中
    return(m);            //把m作为函数值带回main函数
}

int max2(int a,int b)     //定义max2函数
{
    if(a>=b)
        return a;         //若a>=b,将a为函数返回值
    else
        return b;         //若a<b,将b为函数返回值
}
```

程序运行结果如图9-9所示。

```
Please enter 4 interger numbers: 110 120 119 114
max=120
```

图9-9 例9-4程序运行结果

6. 函数的递归调用

在调用一个函数的过程中又出现直接或间接地调用该函数本身,称为函数的递归调用。这种调用又分为直接递归(函数自己调用自己)和间接递归(A调用B,B调用A)两类。

【例9-5】 用递归方法求n!。

编程思路:n!=n*(n-1)*(n-2)*…*2*1,如果用函数f(n)来表示,则可以用公式来表示递归关系:

$$f(n)=\begin{cases}1 & (n=1)\\ n*f(n-1) & (n>1)\end{cases}$$

这样,在函数定义时就出现了自己调用自己(参数不同)的情况:f(n)=n*f(n-1),而f(n-1)=(n-1)*f(n-2),以此类推,直到边界时(n=1时,其阶乘数为1)而结束,这一过程称为回溯阶段;当已知1!,就可以得到f(2)=2*f(1),以此类推,最后得到f(n)=n*f(n-1),这一过程称为递推。由于阶乘值递增很快,当n稍大一些有可能出现数据溢

出的情况，需考虑选用范围更大的数据类型，如 long、float、double 等。

程序代码如下：

```
#include<stdio.h>
int main()
{
    long fac(int n);                    //函数声明
    int n;
    long y;
    printf("input an integer number:");
    scanf("%d",&n);
    y=fac(n);                           //函数调用
    printf("%d!=%ld\n\n",n,y);
    return 0;
}
long fac(int n)                         //函数定义
{
    long f;
    if(n==1)                            //1 的阶乘为 1
        f=1;
    else
        f=n*fac(n-1);                   //n!=n*(n-1)!
    return (f);
}
```

程序运行结果如图 9-10 所示。

当 n=5 时，函数的递归调用关系如图 9-11 所示。

```
input an integer number:5
5!=120
```

图 9-10 例 9-5 程序运行结果

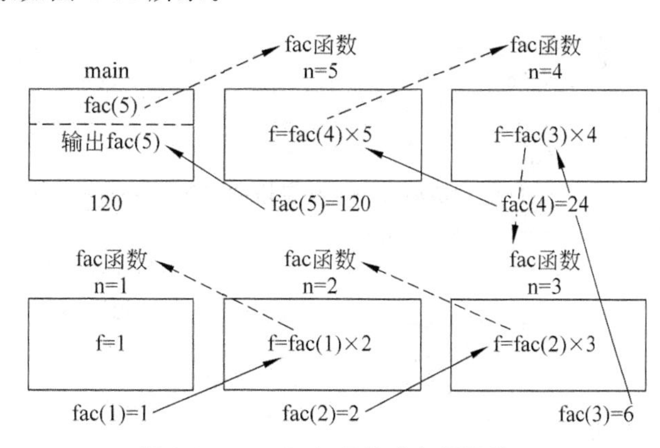

图 9-11 n=5 时，函数递归调用关系

由例 9-5 可知，构建递归函数有两个要点：

(1) 函数的递归形式：上例的 f(n)=n*f(n-1)表明了函数的回溯、递推关系，可以通过分析问题、建立数学模型来得到。

(2) 边界条件：即递归终止条件，又称递归出口，保证函数进行有限递归。

递归提供了解决问题的另一种思路，许多复杂问题采用递归方法可使得程序更简洁。不过执行递归程序要用栈空间来保存中间结果，内存资源开销较大，这方面内容可查阅相关资料。

9.3 实验内容与步骤

(1)（基础题）根据海伦公式由三角形的三边长度 a、b、c 可以计算三角形面积，公式为：$s=\sqrt{p(p-a)(p-b)(p-c)}$，其中 $p=(a+b+c)/2$。请根据下列要求编写程序：

① 三角形面积的计算由函数 triangle_area( )实现，函数原型为：

```
double triangle_area(double a,double b,double c);
```

当输入的 a、b、c 值不能构成三角形时，返回 0.0。

② 主函数的功能是输入三角形的三条边长，再调用 triangle_area()得到面积，最后输出结果。

③ 主函数在前，triangel_area()在后面定义。

(2)（基础题）编写函数 int isprime(int n)用于判断一个整数是否为素数，如果是就返回 1，否则返回 0。在主函数中通过循环调用 isprime 函数输出 300～500 之间的素数，每输出 10 个素数后换行。函数 isprime()定义在前，主函数调用在后。

(3)（基础题）函数 void draw(int n)的功能是，根据参数 n 的大小（0<n<14），输出由字母组成的一个金字塔图形。例如，n=6 时，输出如图 9-12 所示。

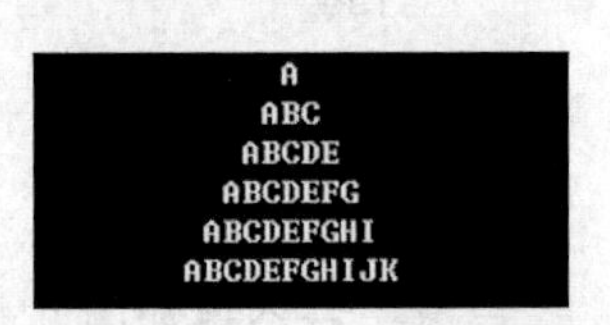

图 9-12　程序运行结果

主函数功能是，输入 n 的值，然后调用 draw 函数输出图形。请根据题意及注释，填充程序所缺代码：

```
#include<stdio.h>
int main()
{
    int n;
    printf("请输入一个金字塔的行数(1-13): ");
    scanf("%d",&n);
    ________________;              //函数声明
    ________________;              //函数调用
    printf("\n\n");
    return 0;
}
void draw(int n)                   //函数定义
{
    int i,j;
    for (i=1;i<=n;i++)
    {
        ________________           //先输出一串空格
```

```
        ________________        //再输出一串字母
        ________________        //输出换行符
    }
}
```

(4)（基础题）定义一个求最大公约数函数 int gcd(int x,int y)，在主函数输入两个整数，然后调用 gcd()输出这两个整数的最大公约数。

(5)（基础题）编写程序，当用户从键盘输入公元年、月、日三个整数值（年份的范围为 2001～2099)，能够计算该日期是这一年份的第几天，如图 9-13 所示。

```
请输入年(2001-2099)、月、日：2012 2 29
2012-2-29 是当年的第60天。
```

图 9-13　输入正确日期程序运行结果

当输入的数据有错误时，也能输出提示信息，并结束程序，如图 9-14 所示。

```
请输入年(2001-2099)、月、日：2011 2 29
输入的天数有错误，程序结束!
```

图 9-14　输入错误日期程序运行结果

提示：本程序主要考查多个函数的相互调用，除主函数外，还可以定义如下三个函数：

- int is_leap_year(int year)：判断是否为闰年，如果是返回 1，否则返回 0。
- int check_pass(int year,int month,int day)：检查输入的数据是否有错误，通过返回 1，否则返回 0。
- int count_days(int year,int month,int day)：统计该日期是当年中的第几天，先累加之前各月份天数（应区分闰年与平年），再加上本月份的 day。

(6)（基础题）Fibonacci 数列的规律是，第 1、2 项均为 1，之后每项都是前两项之和。具体为 1,1,2,3,5,…，用公式表示为 $f(n)=1$ ($n=1$ 和 $n=2$ 时)，$f(n)=f(n-1)+f(n-2)$ ($n\geqslant 3$)。请编写一个递归函数 int fibo(int n)函数得到它的第 n 项，之后在主函数中调用 fibo()输出它的前 30 项值，每行输出 5 个数据。请编写程序实现上述功能，并回答问题。

问题：

① 递归函数由哪两部分组成？

② 递归函数是如何执行的？

③ 使用递归函数与使用循环、数组有什么不同？

(7)（提高题）请编程实现 $S=1!+2!+3!+\cdots+n!$，并输出结果。

提示：n 为正整数，用函数嵌套调用。

(8)（提高题）定义一个将十进制数转换成十六进制数的函数 void dec2hex(int n)，该函数的功能是将参数中的十进制数以十六进制方式输出。在主函数输入一个十进制整数，然后调用 dec2hex()输出对应的十六进制数。

实验10 函 数 (2)

10.1 实 验 目 的

(1) 理解数组名作函数参数时,实参向形参传递的是数组首地址,可以利用此特性在函数中修改数组元素的值,从而达到改变实参数组的目的,并掌握选择排序等算法的函数实现方法。

(2) 能区分局部变量、全局变量在定义、作用域的差异,并能正确使用这两类变量。

(3) 理解生存期的概念,能区分静态存储方式、动态存储方式的不同,熟悉局部变量的几种存储方式和全局变量作用域扩展、限制的方法。

(4) 熟悉外部函数跨文件的使用。

(5) 熟悉 Visual C++ 调试入门。

10.2 知 识 要 点

在实验 9 中,已熟悉了函数的定义、声明、调用等内容,本实验主要掌握数组作为参数、全局变量与局部变量、变量的作用域与生存期、变量与函数的外部引用等知识。

1. 数组作为函数参数

1) 数组元素作函数实参

数组元素只能作函数的实参,不能作形参,理由是:在函数调用时要为形参分配临时单元,而数组是一个连续分配存储单元的整体,不可能单独为一个数组元素分配单元。

例如:

```
void print(int a[10 ])
{
    ⋮
}
```

这里的 a[10]指的是一个数组,而不是数组元素。

数组元素作实参时代表的是一个变量,对应的形参是类型相同的变量;其用法与变量相同。在函数调用时,将数组元素的值传给形参,为“值传递”方式,是单向的。

2）数组名作函数参数

数组名既可以作函数的实参，也可以作函数的形参。

用数组名作函数实参时，实参向形参传递的是数组首地址。由于实参与形参位于同一系统存储空间，同一地址值代表的是同一存储单元位置，也就是说实参数组与形参数组的起始地址相同，又因为它们的数据类型相同，所以实参数组与形参数组对应元素的地址相同，由此可知，在函数中形参数组元素的修改会影响到实参数组对应的元素。可以利用此特性在函数中修改形参数组元素的值，从而达到改变实参数组元素的目的。

【例 10-1】 有一个一维数组 score，内放 10 个学生成绩，求平均成绩。

编程思路：

(1) 用 average()来计算平均成绩，用数组名作为函数实参，形参也用数组名。

(2) 在 average()中引用各数组元素，求得平均成绩并返回给 main 函数。

(3) 对于 average 函数采用“先定义，再调用”方法；函数调用时，实参应是数组名，而不是数组元素。

程序代码如下：

```
#include<stdio.h>
float average(float array[10])                //定义 average 函数
{
    int i;
    float aver,sum=array[0];
    for(i=1;i<10;i++)
        sum=sum+array[i];                      //累加学生成绩
    aver=sum/10;
    return(aver);
}

int main()
{
    float score[10],aver;
    int i;
    printf("input 10 scores:\n");
    for(i=0;i<10;i++)
        scanf("%f",&score[i]);
    printf("\n");
    aver=average(score);                       //调用 average 函数
    printf("average score is %5.2f\n",aver);
    return 0;
}
```

程序运行结果如图 10-1 所示。

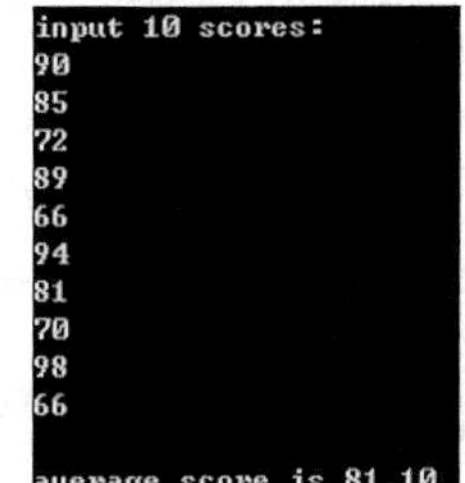

图 10-1 例 10-1 程序运行结果

说明：

(1) 数组名作形参时，指定的数组大小不起作用(因为 C 编译系统并不检查形参数组大小，只是将实参数组的首元素的地址传给形参数组名)，因此，形参可以不指定数组大小,即数组名后跟一个空方括号,如“float average(float array[]);”。

(2) 最好用一个参数来指定数组元素个数,这样可以增加函数的独立性、通用性。

例 10-1 程序代码的改进版本如下。

```
float average(float array[],int n)                    //定义 average 函数
{
    int i;
    float aver,sum=array[0];
    for(i=1;i<n;i++)
        sum=sum+array[i];
    aver=sum/n;
    return(aver);
}

int main()
{
    ⋮
    aver=average(score,10);                          //调用 average 函数
    ⋮
}
```

从例 10-1 可知,将有关功能模块采用函数来实现,会使 main 函数简明、清晰,今后编程时应朝这一目标努力。

3) 多维数组名作函数参数

多维数组名与一维数组一样,即可以作函数的实参,也可以作函数的形参。多维数组名作函数形参时,第一维的大小可以说明,也可以不说明,但后面各维的大小必须说明。

【例 10-2】 有一个 3×4 的矩阵,求出所有元素中的最大值并输出。

编程思路:被调函数的形参为二维数组,使用“打擂台”算法得到最大值,再返回。

程序代码如下:

```
#include<stdio.h>
#include<stdio.h>
int main()
{
    int max_value(int array[][4],int n);                    //函数声明
    int a[3][4]={{1,3,5,7},{2,4,6,8},{15,17,34,12}};
    printf("Max value is %d\n",max_value(a,3));             //函数调用
    return 0;
}
int max_value(int array[][4],int n)                         //函数定义
{
    int i,j,max;
    max=array[0][0];
    for(i=0;i<n;i++)
```

```
        for(j=0;j<n;j++)
            if(array[i][j]>max)
                max=array[i][j];
    return (max);
}
```

程序运行结果如图 10-2 所示。

```
Max value is 34
```

图 10-2 例 10-2 程序运行结果

2. 局部变量与全局变量

1）变量的作用域

作用域是变量的空间属性。每个变量都有一定的有效作用范围，称为作用域。在作用域外是不能访问这些变量的。显然，变量的作用域与变量定义的位置有关。根据作用域的不同，变量可分为局部变量和全局变量。

2）局部变量

在函数内部或复合语句内部定义的变量是局部变量（又称内部变量），函数的形参也是局部变量。局部变量只在本函数或复合语句中有效，在其他范围就不能使用。

如：

```
float f1( int a)                    char f2(int x,int y)
{                                    {
    int b,c;                             ⋮
    ⋮                                    {
}    //a、b、c 的作用域结束                       int i,j;         //x、y 在其中有效
                                             ⋮
                                         }                    //i、j 的作用域结束
                                     }                        //x、y 的作用域结束
int main()
{
    int a,b;
    ⋮
    return 0;
}                //a、b 的作用域结束
```

3）全局变量

在函数外定义的变量是全局变量（又称外部变量）。全局变量的作用域是从定义处开始，到该源程序文件结束为止，可以被在此范围内的多个函数共同使用。也就是说，在一个函数中修改了全局变量的值，也会影响其他函数中调用的该全局变量值，因此，可以利用全局变量具有在函数间传递数据，得到一个以上的值。

【例 10-3】 有一个一维数组，内放 10 个学生成绩。写一个函数，当主函数调用此函数后，能求出平均分、最高分和最低分。

编程思路：平均分由函数的返回值带回，最高分和最低分采用全局变量得到。

程序代码如下：

```
#include<stdio.h>
```

```
float Max=0,Min=0;                                    //定义全局变量 Max,Min
int main( )
{
    float average(float array[],int n);               //函数声明
    float ave,score[10];
    int i;
    printf("Please enter 10 scores:");
    for(i=0;i<10;i++)
        scanf("%f",&score[i]);
    ave=average(score,10);                            //函数调用
    printf("max=%6.2f\nmin=%6.2f\naverage=%6.2f\n",Max,Min,ave);
    return 0;
}
float average(float array[],int n)                    //函数定义
{
    int i;
    float aver,sum=array[0];
    Max=Min=array[0];
    for(i=1;i<n;i++)
    {
        if(array[i]>Max)
            Max=array[i];
        else if(array[i]<Min)
            Min=array[i];
        sum=sum+array[i];
    }
    aver=sum/n;
    return(aver);
}
```

程序运行结果如图 10-3 所示。

不同作用域变量的值传递如图 10-4 所示。

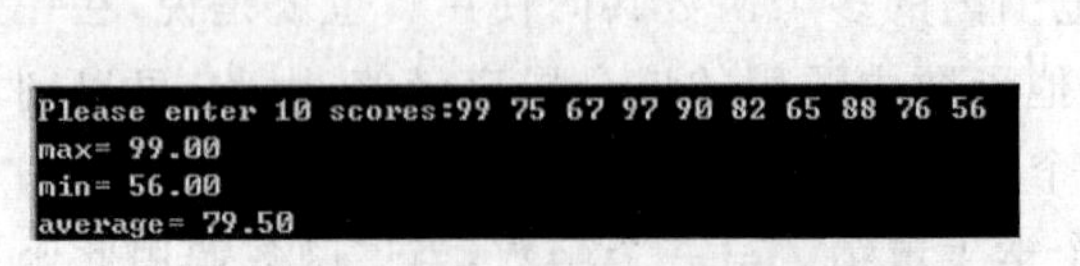
Please enter 10 scores:99 75 67 97 90 82 65 88 76 56
max= 99.00
min= 56.00
average= 79.50

图 10-3 例 10-3 程序运行结果

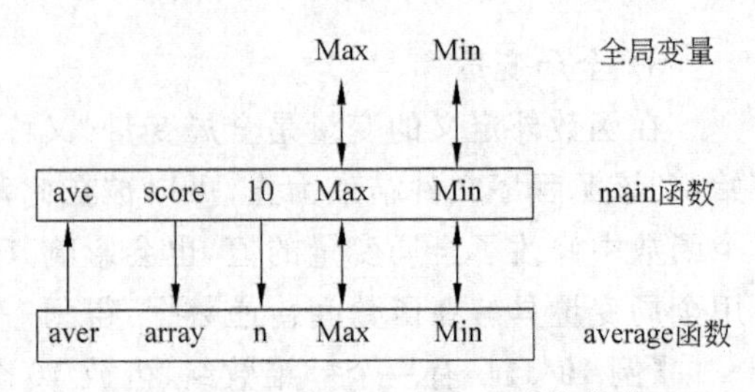

图 10-4 不同作用域变量的值传递

提示：

(1) 不论是否需要，全局变量在整个程序运行期间都要占用内存空间。

(2) 全局变量必须在函数之外定义，降低了函数的通用性，影响函数的独立性。

（3）使用全局变量容易因疏忽或使用不当而导致全局变量中的值意外改变，从而引起副作用，产生难以查找的错误。因此，对全局变量的使用要谨慎。

3．变量的存储方式与生存期

1）动态存储方式与静态存储方式

生存期是变量的时间属性。每个变量在内存中都有一定的存在时间，称为生存期，超过生存期的变量就不存在了，这里所指的是变量的存储类型。从变量的生存期观察，变量的存储有静态存储和动态存储两种不同方式：

（1）静态存储方式：是指在程序运行期间由系统分配固定的存储空间的方式。

（2）动态存储方式：是在程序运行期间根据需要进行动态的分配存储空间的方式。

变量的存储方式与它所处的存储区域有关。

2）用户的存储空间

在内存中，用户可以使用的存储空间包括三类型，如图 10-5 所示。

用户存储空间
程序区
静态存储区
动态存储区

图 10-5　用户的存储空间分类

（1）程序区：用来存放程序代码。

（2）静态存储区：主要用来存放全局变量、static 类型变量。其特点是，程序开始执行时给全局变量、静态变量分配存储区，程序执行完毕就释放，在程序执行过程中占据固定的存储单元。

（3）动态存储区：主要用来存放函数的形参、自动变量（auto 类型）、函数调用时的现场保护和返回地址等变量。其特点是，函数调用开始时分配，函数结束时释放。在程序执行过程中，这种分配和释放是动态的，且每次分配的存储空间可能是不同的。

3）局部变量的存储类型

（1）自动变量（auto 变量）。

局部变量如果用 auto 关键字声明其存储类型，或不声明任何存储类别（即默认的存储类型），都是自动变量，这类变量存放在动态存储区，程序中的大多数变量都是自动变量。其特点是，函数调用时系统会给自动变量分配存储空间，调用结束时就自动释放空间。

注意：

① 如果只定义自动变量不初始化或赋值，则该变量的值是不确定的。

② 在函数调用时给自动变量赋初值，每调用一次函数，就要给自动变量重新赋值一次。

（2）静态局部变量（static 变量）。

局部变量如果用 static 关键字声明其存储类型，就是静态局部变量。这类变量存放在静态存储区。其特点是，在编译时赋初值，即只赋初值一次，在以后函数调用时不再重新赋初值，而只是保留上一次函数调用结束时的值。

注意：静态局部变量如不赋初值，系统会自动赋值（数值型赋 0，字符型赋'\0'）。

问题：为什么静态局部变量在函数调用后仍存在、但不能被其他函数引用？

【例 10-4】　输出 1～5 的阶乘值。

编程思路：编写一个函数来计算 n!，在其中定义一个静态局部变量来保存前一个数的阶乘，即(n－1)!，则 n!＝(n－1)! ＊n。

程序代码如下：

```
#include<stdio.h>
int main()
{
    int fac(int n);                          //函数声明
    int i;
    for(i=1;i<=5;i++)
        printf("%d!=%d\n",i,fac(i));     //函数调用
    return 0;
}
int fac(int n)                               //函数定义
{
    static int f=1;                          //定义静态局部变量
    f=f*n;
    return(f);
}
```

程序运行结果如图 10-6 所示。

```
1!=1
2!=2
3!=6
4!=24
5!=120
```

图 10-6　例 10-4 程序运行结果

注意：若非必要，尽量少用静态局部变量。

4) 全局变量的存储类型

全局变量都是存放在静态存储区中的，因此，它们的生存期是固定的，存在于程序的整个运行过程。一般来说，外部变量是指在函数外部定义的全局变量，它的作用域是从变量的定义处开始，到本程序文件的末尾。在此作用域内，全局变量可以为程序中各个函数所引用。

如果使用 extern 关键字声明变量，则可将变量作用域扩展。

(1) 在一个文件内扩展外部变量的作用域。

【例 10-5】 调用函数，求 3 个整数中的最大者。

编程思路：用 extern 声明外部变量，扩展外部变量在程序文件中的作用域。

程序代码如下：

```
#include<stdio.h>
int main()
{
    int max();
    extern int A,B,C;                    //把外部变量 A,B,C 的作用域扩展到从此处开始
    printf("Please enter three integer numbers:");
    scanf("%d %d %d",&A,&B,&C);
    printf("max is %d\n",max());
    return 0;
}
int A,B,C;                               //定义外部变量 A,B,C
```

```
int max()
{
    int m;
    m=A>B?A:B;
    if (C>m)
        m=C;
    return(m);
}
```

程序运行结果如图 10-7 所示。

```
Please enter three integer numbers:10 -30 5
max is 10
```

图 10-7　例 10-5 程序运行结果

说明：A、B、C 是在后面定义的，本来在此之前不能使用这三个变量，但由于使用 extern 关键字进行了声明，其作用域就扩展到从声明处开始。

(2) 将外部变量的作用域扩展到其他文件。

如果一个程序包含两个文件，在两个文件中都要用到同一个外部变量 **Num**，不能分别在两个文件中各自定义一个外部变量 Num，这样会引发“重复定义”错误。正确的做法是，在其中一个文件中定义外部变量 Num，而在另一文件中用 extern 对 Num 作“外部变量声明”，这样在编译和连接时，系统会由此知道 Num 有“外部链接”，可以从别处找到已定义的外部变量 Num，并将在另一文件中定义的外部变量 num 的作用域扩展到本文件中。

(3) 将外部变量的作用域限制在一个文件中。

有时在程序设计中希望将某些外部变量只限于一个文件引用，这时可以在定义外部变量时加一个 static 关键字进行声明，这样其他文件就不能再引用该外部变量了。

4. 变量定义与声明的比较

通常，为了叙述方便，把建立存储空间的变量声明称为定义，而把不需要建立存储空间的声明称为声明。由此可见，在函数中出现的对变量的声明（除了用 extern 声明的以外）都是定义，在函数中对其他函数的声明也不是函数的定义。

5. 内部函数和外部函数

1) 内部函数

如果一个函数只能被本文件中其他函数调用，它称为内部函数。

在定义内部函数时，在函数类型前面加上 static 关键字，内部函数又称静态函数。内部函数的作用域只局限于所在文件。这样，在不同的文件中即使有同名的内部函数，也互不干扰，保证了函数的“可靠性”。

2) 外部函数

如果在定义函数时，在函数首部的最左端加关键字 extern，则此函数就是外部函数，可供其他文件调用；若在定义函数时省略 extern 关键字，则也默认为外部函数。

6. Visual C++ 调试入门

调试是一个程序员最基本的技能，通过调试可以了解程序运行的细节，发现程序的问题，编写性能良好的程序。

1) 设置/取消断点

Visual C++ 可以在程序中设置断点（即代码位置），跟踪程序实际执行流程。设置断点后，可以按 F5 键启动“调试”模式，程序会在断点处停止。此时，可以继续单步执行程序，观察各变量的值如何变化，确认程序是否按照设想的方式运行。

设置/取消断点方法：将光标移至相应行上按 F9 键，或直接单击代码左边的竖条。这是一个开关操作，未设置断点时实现设置功能，已设置断点则取消。断点设置成功后，所在代码行的最左边出现了一个深红色的实心圆点，如图 10-8 所示。

```
#include <stdio.h>
int main( )
{
    int fac(int n);                          //函数声明
    int i;
    for(i=1;i<=5;i++)
        printf("%d!=%d\n",i,fac(i));         //函数调用
    return 0;
}
int fac(int n)                               //函数定义
{
    static int f=1;                          //定义静态局部变量
    f=f*n;
    return(f);
}
```

图 10-8　断点设置后的状态

2）调试命令

选择“调试”→“启动调试”命令或直接按 F5 键，进入程序“调试”模式，“调试”菜单的内容随之变化，提供以下专用的调试命令：

- 继续(F5 键)：从当前语句开始运行程序，直到程序结束或断点处。
- 停止调试(Shift+F5 键)：停止调试，返回正常的编辑状态。
- 逐语句(F11 键)：单步执行下条语句，并跟踪遇到的函数。
- 逐过程(F10 键)：单步执行(跳过所调用的函数)。

在调试模式下，程序停止在某条语句，该条语句左边会出现一个黄色的小箭头，可以随时中断程序、单步执行、查看变量、检查调用情况。例如，光标指向某一变量，可查看其值，如图 10-9 所示；不断按 F10 键，接着一行一行地执行程序，直到程序运行结束。

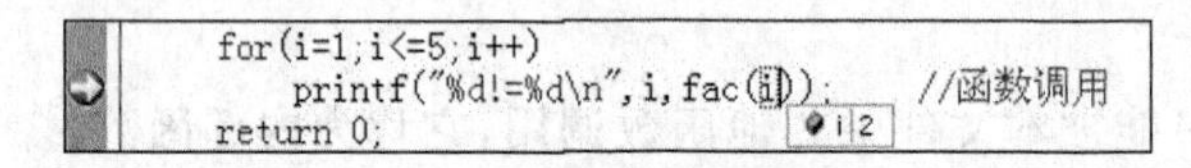

图 10-9　调试状态下查看变量的值

3）查看变量

单步调试程序的过程中，可以在下方的自动窗口中动态地察看变量的值，如图 10-10 所示。

自动窗口

名称	值	类型
fac 返回	24	int
printf 返回	6	int
i	4	int

图 10-10　调试状态下的自动窗口

10.3　实验内容与步骤

（1）（基础题）编程计算数组各元素的平方和，要求如下：

① void array_input(int array[],int n)的功能是输入整型数组 array 的各元素值，参数 n 是数组元素的个数。

② int square_sum(int array[],int n)功能是对整型数组 array 各元素的平方求和，参数 n 是数组元素个数。

③ 主函数的功能：定义一个是长度为 6 的整型数组，通过调用 array_input()输入各元素的值，再调用 square_sum()得到各元素平方和，最后输出结果。

④ 主函数的定义在前面，上述两个函数的定义在后。程序运行结果如图 10-11 所示。

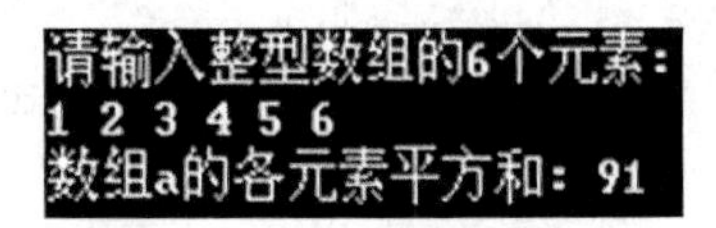

图 10-11　程序运行结果

（2）（基础题）编写程序，实现矩阵（3 行 3 列）的转置（即行列互换）。

（3）（基础题）比较全局变量与局部变量的不同。

分析下列程序，写出执行结果，然后上机调试验证（参考 Visual C++ 调试有关资料，先按要求设置断点，再按 F11 键逐语句或按 F10 键逐过程调试），比较结果是否正确，并回答相关问题。

```
#include<stdio.h>
int c,a=4;
int func1(int a,int b);
int main()
{                                                  //断点①
    int b=2,p=0;
    c=1;
    p=func1(b,a);                                  //断点②
    printf("a=%d,b=%d,c=%d,p=%d\n",a,b,c,p);       //断点⑤
    return 0;
}
int func1(int a,int b)
{
    c=a*b;                                         //断点③
    a=b-1;
    b++;
    return (a+b+1);                                //断点④
}
```

问题：

① 哪些是局部变量？哪些是全局变量？它们的值如何变化？

② 这些变量的作用域如何确定？

(4)(基础题)理解块作用域。

分析下列程序,写出执行结果,然后上机调试验证(先按要求设置断点,再按 F11 键逐语句或按 F10 键逐过程调试),比较结果是否正确,并回答相关问题。

```
#include<stdio.h>
int main()
{
    int x=5,y=2;
    printf("x=%d,y=%d\n",x,y);                    //断点①
    if(x>4)
    {
        int x;                                    //屏蔽外层同名变量 x
        x=++y;
        printf("x=%d,y=%d\n",x,y);                //断点②
    }
    x+=y--;
    printf("x=%d,y=%d\n",x,y);;                   //断点③
    return 0;
}
```

问题:

① x 和 y 值是如何变化的?

② 块内的 x 与块外的 x 是同一变量吗?

③ 如何理解"内层变量屏蔽外层同名变量"?

(5)(基础题)掌握静态局部变量的用法。

分析下列程序,写出执行结果,然后上机调试验证(按 F11 键逐语句或按 F10 键逐过程调试),比较结果是否正确,并回答相关问题。

```
#include<stdio.h>
int func(int c);
int main()
{
    printf("%d\n",func(1));
    printf("%d\n",func(1));
    return 0;
}
int func(int c)
{
    int a=0;
    static int b=1;
    a++;
    b++;
    return a+b+c;
}
```

问题：

① func()的 a、b、c 三个变量中，哪些是自动变量？哪些是静态局部变量？

② 为什么两次调用函数的结果不同？静态局部变量如何初始化？不赋值可以吗？

(6)(基础题)熟悉全局变量在多文件中的使用。

现有如下两个程序：

```
//file1.c
#include<stdio.h>
int N=10;
int main()
{
    extern void func();
    printf("N=%d\n",N);
    func();
    return 0;
}

//file2.c
#include<stdio.h>
extern int N;                                    //全局变量N的引用声明
void func()
{
    printf("func: N=%d\n",N);
}
```

先建立项目，再添加这两个文件内容，之后编译、运行，并回答下列问题。

问题：

① file2.c 是如何引用全局变量 N 的？

② file1.c 是如何声明、调用函数 func 的？能否去掉 extern 关键字？

③ file2.c 中定义 func()时，如果在 void 之前加上 static 关键字后，func()能否在 file1.c 中调用？为什么？

(7)(提高题)编程求数组各元素的中位数，要求如下：

① void array_input(double array[],int n)的功能是输入 double 型数组 array 的各元素值，参数 n 是数组元素的个数。

② void select_sort(double array[],int n)函数实现从小到大选择排序功能，参数 n 是数组元素的个数。

③ double median(double array[],int n)的功能是求出有序数组 array 各元素的中位数，参数 n 是数组元素的个数。

说明：中位数就是在已排序的各元素中，处于中间位置的元素值，当数组元素个数为奇数时，处于中间位置的元素只有一个，中位数就是该元素的值；当数组元素个数为偶数时，处于中间位置的元素只有两个，中位数就是这两个元素的简单算术平均数。

④ 主函数的功能：定义一个是长度为 8 的 double 型数组，通过调用 array_input()输

入各元素的值，再调用 select_sort()对数组各元素排序，之后调用 median()得到中位数，最后输出结果。

⑤ 主函数在前，上述三个函数在后面定义。程序运行如图 10-12 所示。

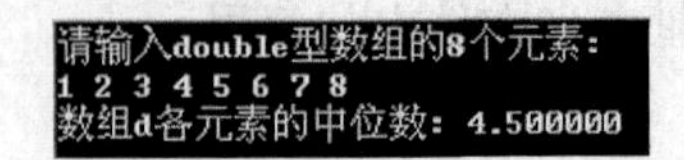

图 10-12 程序运行结果

(8) (提高题)请编写一个函数 fun，它的功能是：求出一个 2×m 整型二维数组中最大元素的值，并将此值返回调用函数。

(9) (提高题)请编写一个函数 void fun(int tt[m][n]，int pp[n])，tt 是一个 m 行 n 列的二维函数组，求出二维函数组每列中最小元素，并依次放入 pp 所指定一维数组中。二维数组中的数已在主函数中赋值。

实验 11　结构体、共用体和枚举类型

11.1　实验目的

(1) 掌握结构体类型声明和结构体变量定义、初始化的方法。

(2) 掌握结构体成员的访问方法,熟悉结构体嵌套定义的方法。

(3) 掌握结构体数组的定义和使用方法,能够用模块化方法设计程序。

(4) 熟悉共用体类型、枚举类型、typedef 的基本用法。

11.2　知识要点

1. 定义和使用结构体变量

1) 问题的提出

学生信息资料如图 11-1 所示,每列信息的性质存在着差异。

int	char[20]	char	int	float	char[30]
学号	姓名	性别	年龄	成绩	家庭地址
101001	张三	m	20	89.5	北京路123号
101002	李四	f	19	94.3	体育东路1号
101003	王五	m	21	78.0	体育西路5号

图 11-1　学生信息资料

可分别用 int、char 和 float 三种不同数据类型来表示学号与年龄、性别及成绩,还需定义了两个 char 数组来存放姓名、家庭地址,如下所示:

```
int num;                                    //定义学号
char name[20];                              //定义姓名
char sex;                                   //定义性别
int age;                                    //定义年龄
float score;                                //定义成绩
char addr[30];                              //定义家庭地址
```

但这些变量是分开的,不能形成一个整体。已知,一个学生的信息是一"行",它包含不同的数据项(即列),这些是"行"信息的有机组成部分,因此需要一个能够包含不同数据

类型数据的新类型表示“行”信息。

结构体类型可以实现这一功能。

2) 结构体类型的声明

由用户建立的由不同类型数据组成的组合型数据结构,称为结构体(structure)。显然,结构体不是系统预先定义的基本类型,而是用户根据实际情况自定义的一种类型。

结构体的声明格式如下:

```
struct 结构体类型名
{
    数据类型   成员 1;
    数据类型   成员 2;
    ⋮
    数据类型   成员 n;
};
```

说明:

(1) 关键字 struct 是结构体的标识,不能省略。

(2) 结构体类型名的作用与 int、char、float、double 等类型名相同,通常首字母大写。

(3) 结构体可以包含多个成员。每一个成员需要定义数据类型、变量名,数据类型可以基本类型(如 int、float、double 等),也可以是自定义类型(如:数组、结构体等)。

(4) 大括号后的分号(;)不能省略。

例如,结构体类型 Date 的声明:

```
struct Date
{
    int year;
    int month;
    int day;
};
```

显然,结构体 Date 由 year、month 和 day 三个成员组成,分别表示“年”、“月”、“日”,数据类型均为 int。

又如,结构体类型 Book 的声明:

```
struct Book
{
    char title[100];
    char authors[40];
    int pages;
    float price;
};
```

结构体 Book 的成员依次是 title、authors、pages 和 price,分别表示“书名”、“作者”、“页数”、“价格”,其中“书名”、“作者”用字符数组来存放。

3）结构体变量的定义

结构体变量的定义有三种方法：

（1）先声明结构体类型，再定义该类型变量。

例如：

```
struct Student
{
    int num;
    char name[20];
    char sex;
    int age;
    float score;
    char addr[30];
};
struct Student student1,student2;           //定义结构体变量,struct 关键字不能省略
```

student1 和 student2 结构体变量每个数据项所占的字节个数如图 11-2 所示。

事实上，在 Visual C++ 中用 sizeof 运算符去测试 Student 类型变量所占内存空间时，结果不是 63(4＋20＋1＋4＋4＋30)字节，而是 68 字节，这是因为 Visual C++ 是以 4 的整数倍为结构体成员分配内存空间的，也就是说分别为成员 sex、addr 分配了 4 字节、32 字节，而不是 1 字节、30 字节，从而多出 5 字节。

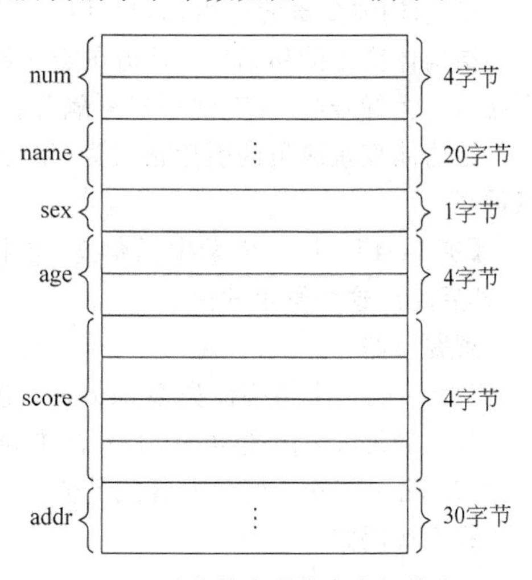

图 11-2　结构体变量内存空间的分配

（2）在声明类型的同时定义变量，格式为：

```
struct 结构体类型名
{
    成员列表
} 变量名列表;
```

例如：

```
struct Student
{
    int num;
    char name[20];
    char sex;
    int age;
    float score;
    char addr[30];
} student1,student2;
```

说明：这种方法只能对自己声明的结构体类型定义变量，通常很少采用。

（3）先用 typedef 把结构体定义一个别名，再用别名来定义变量，这种方法比较常用。

格式为：

```
typedef struct [结构体类型名]
{
    成员列表
}结构体类型名的别名;
```

例如：

```
typedef struct
{
    char title[100];
    char authors[40];
    int pages;
    float price;
} BooK;
Book book1,book2;            //定义结构体变量,不需要加 struct 关键字
```

4) 结构体变量的初始化和引用

结构体变量的初始化：是指在定义结构体变量时给它的各成员赋初值，各成员的值写在一对大括号内，相互间用逗号隔开。

结构体变量成员的引用格式为"结构体变量名.成员名"(点号"."是成员运算符，优先级最高)。

【例 11-1】 把一个学生的信息(包括学号、姓名、性别、住址)放在一个结构体变量中，然后输出这个学生的信息。

解题思路：

(1) 声明一个结构体类型 Student，包括有关学生信息的各成员。

(2) 定义结构体类型 Student 的变量，同时赋以初值(即初始化)。

(3) 输出结构体变量的各成员值。

程序代码如下：

```
#include<stdio.h>
struct Student                                            //声明结构体类型
{
    int num;
    char name[20];
    char sex;
    int age;
    float score;;
    char addr[30];
};
int main()
{
    struct Student stu={10101,"Zhang Xin",'M',19,90.5,"Shanghai"};    //变量初始化
```

```
    printf("NO.:%d\n",stu.num);                    //变量成员的引用,下同
    printf("name:%s\n",stu.name);
    printf("sex:%c\n",stu.sex);
    printf("age:%d\n",stu.age);
    printf("score:%f\n",stu.score);
    printf("address:%s\n",stu.addr);
    return 0;
}
```

结构体变量 stu 各数据项的值如表 11-1 所示。

表 11-1　结构体变量 stu 各个数据项的值

num	name	sex	age	score	addr
10101	Zhang Xin	M	19	90.5	Shanghai

程序运行结果如图 11-3 所示。

```
NO.:10101
name:Zhang Xin
sex:M
age:19
score:90.500000
address:Shanghai
```

图 11-3　例 11-1 程序运行结果

注意：

(1) 在结构体变量定义之后，不允许再次给它赋值，只能对各个成员逐一赋值或输入值。也就是说，“struct Student stu; stu={1070401234,"张小山",'F',22,95,"Beijing Road 101 #"};”是错误的；而“stu.num=1070401234; strcpy(stu.name,"张小山"); stu.sex='F'; stu.age=22; stu.score=95; strcpy(stu.addr,"Beijing Road 101 #");”是正确的。

(2) 如果结构体的成员中又包含结构体，只能用多个点号“.”逐级找到最底层的变量，再进行赋值、存取及运算，如“student1.birthday.month=7;”。

(3) 一般情况下，不能对结构体变量整体使用，不能整体输入和输出，只能对各成员分别引用。

(4) 结构体的成员可以像普通变量一样进行各种运算，如“sum=student1.score+student2.score;”。

(5) 同类型的结构体变量可互相赋值，如“student1=student2;”。

(6) 可以引用结构体变量成员的地址，也可以引用结构体变量的地址。

例如：

```
scanf("%d",&students.num);               //给结构体成员赋值,对应的是它的地址
printf("%X",&student);                   //输出结构体变量 student 的首地址
```

2. 结构体数组

顾名思义，结构体数组就是指这样的数组：数组中的每一个元素都是结构体变量。

结构体数组定义的一般形式：

格式 1：

```
struct 结构体类型名
{
```

```
    成员表列
} 数组名[数组长度];
```

格式 2：先声明一个结构体类型，然后再用此类型定义结构体数组。

```
struct 结构体类型 数组名[数组长度];
```

例如：

```
struct Person leader[3];
```

【例 11-2】 有 n 个学生的信息（包括学号、姓名、成绩），要求按照成绩的高低顺序输出各学生的信息。

解题思路：

(1) 先声明结构体类型 Student。

(2) 再定义一个结构体数组，用来存放 n 个学生信息。

(3) 采用选择法对各元素进行排序（进行比较的是各元素中成绩），再输出。

程序代码如下：

```
#include<stdio.h>
struct student                                    //声明结构体类型
{
    int num;
    char name[20];
    float score;
};
int main()
{
    struct student stu[5]={{10101,"Zhang",78},{10103,"Wang",98.5},{10106,"Li",86},
    {10108,"Ling",73.5},{10110,"Fun",100}};   //定义结构体数组并初始化
    struct student temp;                      //定义结构体变量 temp,用作交换时的临时变量
    const int n=5;
    int i,j,k;
    printf("The order is:\n");
    for(i=0;i<n-1;i++)
    {
        k=i;
        for(j=i+1;j<n;j++)
            if(stu[j].score>stu[k].score)     //进行成绩的比较
                k=j;
        if(k!=i)                              //如果 k!=i,则 stu[k]和 stu[i]元素互换
        {
            temp=stu[k];
            stu[k]=stu[i];
            stu[i]=temp;
        }
```

```
    }
    for(i=0;i<n;i++)
        printf("%6d %8s %6.2f\n",stu[i].num,stu[i].name,stu[i].score);
    printf("\n");
    return 0;
}
```

```
The order is:
 10110        Fun 100.00
 10103       Wang  98.50
 10106         Li  86.00
 10101      Zhang  78.00
 10108       Ling  73.50
```

图 11-4　例 11-2 程序运行结果

程序运行结果如图 11-4 所示。

问题：该程序在哪些地方还可以改进？

3. 共用体类型(又称联合体类型)

1) 共用体类型的理解

生活中也有存在着对“紧缺”资源进行共享的例子，如某大学聘请 4 位兼职来校任课，由于路途远，他们需要在学校留宿一个晚上，张老师周一住宿，李老师周二住宿，王老师周三住宿，孙老师周四住宿。如果学校住房宽裕，可以为每位老师安排一个房间。遗憾的是学校住房很紧张，怎样有效解决这一问题呢？由于他们不是同一时间住宿，我们自然想让他们“共享”一个房间，即分配一个房间给他们轮流住宿就行了。

如果让不同时间使用的变量共享内存空间，就得使用共用体(union)类型。这种类型的声明与结构体类似，但又有差别之处。

共用体的声明格式如下：

```
union 共用体类型名
{
    成员列表
}[共用体变量列表];
```

说明：

(1) 关键字是 union，它是共用体的标识，不能省略。

(2) 共用体成员共用同一段存储空间，所以它们的起始地址相同。

(3) 共用体成员的数据类型可以不同，当它们占用的存储空间不同时，共用体变量所占的内存空间长度就是占用空间最大那个成员的长度。

例如，共用体类型 Data 的声明：

```
union Data
{
    int i;
    char ch;
    double d;
};
```

问题：

(1) 共用体的声明与结构体有什么不同？

(2) 共用体类型 Data 的变量占用存储空间是多少字节？

2）共用体变量的定义和使用

(1) 变量定义格式：

```
union 共用体类型 变量名
```

或在声明共用体类型时，直接定义变量。

(2) 共用体变量的使用：

```
变量名.成员名
```

注意：不能引用共用体变量，而只能引用共用体变量中成员。

例如：

```
union Data mydata;
mydata.i=10;                              //正确
mydata.d=123.45;                          //正确
mydata='m';                               //错误
```

【例 11-3】 有若干个人员的数据，其中有学生和教师。学生的数据中包括姓名、号码、性别、职业、班级。教师的数据包括姓名、号码、性别、职业、职务。要求用同一个表格来处理。

编程思路：学生和教师的数据项目多数是相同的，但有一项不同。现要求把这些数据放在同一表格中；如果job(职业)项为s，则第5项为class。即Li是501班的；若job项是t，则第5项为position，即Wang是prof(教授)；对第5项可以用共用体来处理(将class和position放在同一段)，如图11-5所示。

num	name	sex	job	class(班) / position(职务)
101	Li	f	s	501
102	Wang	m	t	prof

图 11-5 学生和教师的数据结构

程序代码如下：

```
#include<stdio.h>
struct
{
    int num;
    char name[10];
    char sex;
    char job;
    union
    {
        int clas;
        char position[10];
    }category;                            //声明共用体类型时定义变量
```

```
}person[2];                                    //声明结构体类型时定义变量数组

int main()
{
    int i;
    for(i=0;i<2;i++)
    {
        printf("please enter the data of person:\n");
        scanf("%d %s %c %c",&person[i].num,&person[i].name,
            &person[i].sex,&person[i].job);
        if(person[i].job=='s')
            scanf("%d",&person[i].category.clas);
        else if(person[i].job=='t')
            scanf("%s",person[i].category.position);
        else
            printf("Input error!");
    }
    printf("\n");
    printf("No. name sex job class/position\n");
    for(i=0;i<2;i++)
    {
        if (person[i].job=='s')
            printf("%-6d%-10s%-4c%-4c%-10d\n",person[i].num,person[i].name,
            person[i].sex,person[i].job,person[i].category.clas);
        else
            printf("%-6d%-10s%-4c%-4c%-10s\n",person[i].num,person[i].name,
            person[i].sex,person[i].job,person[i].category.position);
    }
    return 0;
}
```

程序运行结果如图 11-6 所示。

```
please enter the data of person:
101 Li f s 501
please enter the data of person:
102 Wang m t prof

No.  name      sex job class/position
101  Li         f   s   501
102  Wang       m   t   prof
```

图 11-6 例 11-3 程序运行结果

4. 枚举(enumeration)类型

所谓"枚举"就是指把变量的可能取值一一列举出来,变量的值只限于列举出来的值范围内。

枚举类型声明格式:

```
enum 枚举类型名
{
    枚举元素列表
} [枚举变量列表];
```

例如:

```
enum Weekday {sun,mon,tue,wed,thu,fri,sat};
```

说明：

(1) 关键字是 enum，它是枚举类型的标识，不能省略。

(2) 枚举变量只能取该类型列举出来的值，不允许取其他值。

(3) 枚举类型的值不是字符串，不能加双引号("")。

(4) C 语句程序编译时，对枚举类型的枚举元素按常量处理，故称枚举常量。不要因为它们是标识符(有名字)而把它们看作变量，不能对它们赋值。

(5) 每一个枚举元素都代表一个整数，编译时按定义的顺序默认它们的值为 0,1,2,3,4,5,…，也可以人为地指定枚举元素的数值。

(6) 枚举元素可以用来比较大小。

例如：

```
enum Weekday workday,weekend;                    //定义枚举变量
workday=mon;                                     //正确
weekend=sun;                                     //正确
weekday=monday;                                  //错误,为什么
```

如果枚举类型 Weekday 的声明如下：

```
enum weekday{sun,mon=6,tue,wed,thu=20,fri,sat};
```

则枚举元素 sun、tue、wed、fri、sat 的值分别是：

```
0、7、8、21、22
```

5. 用 typedef 声明新类型名

从字面上可以看出，其功能是声明新类型。有以下几种类型用法：

1) 简单地用一个新的类型名代替原有的类型名

例如：

```
typedef int Integer;
typedef float Real;
```

则“Integer i,j;”与“int i,j;”等价，“Real a,b;”与“float a,b;”等价。

2) 命名一个新的类型名代表结构体类型

例如：

```
typedef struct
{
    int month;
    int day;
    int year;
}Date;
```

可以将 Date 作为一个类型名来使用，而不需要加 struct 关键字。

例如：

```
Date birthday;
Date * dp;
```

11.3 实验内容与步骤

(1) (基础题)下列程序的功能是：先定义结构体 Book，再定义两个变量 book1、book2，其中一个初始化；另一个从键盘输入数据，最后输出 book1、book2 的值。程序运行结果如图 11-7 所示。

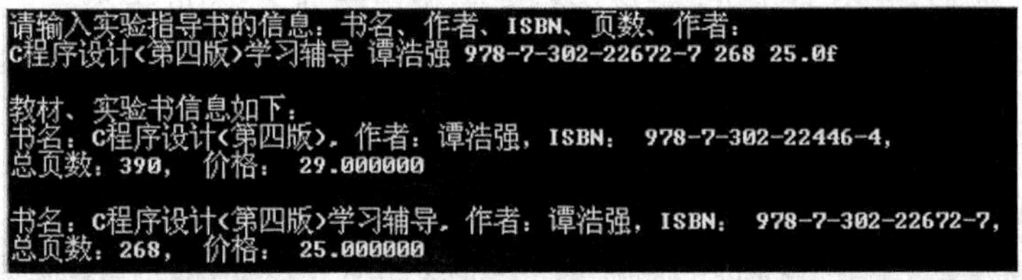

```
请输入实验指导书的信息：书名、作者、ISBN、页数、作者：
C程序设计(第四版)学习辅导 谭浩强 978-7-302-22672-7 268 25.0f

教材、实验书信息如下：
书名：C程序设计(第四版)，作者：谭浩强，ISBN： 978-7-302-22446-4，
总页数：390， 价格： 29.000000

书名：C程序设计(第四版)学习辅导，作者：谭浩强，ISBN： 978-7-302-22672-7，
总页数：268， 价格： 25.000000
```

图 11-7 程序运行结果

请根据题意和注释填写下列程序所缺代码，并回答相关问题：

```
#include<stdio.h>
/* 代码段_1
定义结构体 Book,成员有书名(title),字符数组,长度为 100;
                        作者(authors),字符数组,长度为 30;ISBN,字符数组,长度为 20;
                        页数(pages),整型;价格(price),单精度浮点数
*/
int main()
{
    /* 代码段_2
    定义两个结构体类型 Book 变量 book1、book2,其中 book1 用我们本学期所使用教材的数据
初始化
    */

    printf("请输入实验指导书的信息：书名、作者、ISBN、页数、作者：\n");
    /* 代码段_3
    从键盘输入本学期所使用实验指导书的数据给 book2
    */

    printf("\n教材、实验书信息如下：\n");
    /* 代码段_4
    输出 book1、book2 信息
    */
    return 0;
}
```

问题：

① 如何定义结构体类型?

② 怎样定义结构体变量，并初始化?

③ 怎样输入、输出结构体变量各成员的值?

(2)(基础题)请按下列要求编程。

① 先定义一个结构体类型Date，它包含年(year，int)、月(month，int)、日(day，int)三个成员。

② 再定义一个结构体类型，它包含5个成员：姓名(name，char[10])、性别(sex，char类型，'m'为男，'f'为女)、出生时间(birthday，Date类型)、身份证号(ID，char[19])、电子邮箱(email，char[60])，并用typedef将该结构体类型声明为Person类型。

③ 然后定义一个Person类型的变量me，通过键盘输入自己的信息，然后输出me的各成员值。

程序运行如图11-8所示。

```
请输入个人信息<姓名、性别<'m'或'f'>、出生年月日、身份证号、电子邮箱>:
zhangsan m 1996 10 1 362101199610010001 zs@sise.com.cn
姓名: zhangsan, 性别: m, 出生日期: 1996年10月1日, 身份证号: 362101199610010001,
电子邮箱: zs@sise.com.cn
```

图11-8 个人信息程序运行结果

提示：由于输入内容有字符串、字符、整数等，建议在scanf()中的格式控制符用空格隔开，如"scanf("%s %c %d %d %d %s %s",me.name,…);)"。

(3)(基础题)学生有三门课程：A、B、C，3名学生的成绩如表11-2所示。

表11-2 学生成绩表

姓名	A	B	C	平均分
张三	78	84	67	
李四	88	90	95	
王五	66	79	80	

请先定义一个结构体类型Student，其成员包括name(姓名)、A、B、C、aver(平均分)，再定义一个Student类型的数组stud[3]来存放学生资料。现欲先输入学生三门课程成绩，再计算平均分，最后输出学生信息，要求用"模块化程序设计"方法来设计程序。请根据题意、注释在代码段_1～代码段_5中填写程序所缺代码。

```
#include<stdio.h>
struct Student
{
    /* 代码段_1
    定义结构体 Student,学生姓名不超过 10 个字符
    三门课程成绩均为百分制,只取整数;平均分带小数
     */
};
```

```
int main()
{
    /* 代码段_2
    定义结构体数组 stud[3]
    对 input()、average()、print()三个函数进行声明
    调用 input()、average()、print()三个函数
    */
    return 0;
}

void input(Student s[],int n)           //定义输入 n 名学生的姓名、三门课程成绩的函数
{
    /* 代码段_3

    */
    printf("\n");
}
```

```
请输入第 2 名学生数据:
姓    名: 李四
A课程成绩: 88
B课程成绩: 90
C课程成绩: 95
```

图 11-9　输入第 2 名学生成绩的界面

输入某一学生成绩的界面如图 11-9 所示。

```
void average(Student s[],int n)         //定义计算 n 名学生三门课程平均分的函数
{
    /* 代码段_4

    */
}
void print(Student s[],int n)       //定义输出 n 名学生的姓名、三门课程成绩、平均分的函数
{
    /* 代码段_5

    */
    printf("\n");
}
```

学生信息输出界面如图 11-10 所示。

```
学生成绩列表:
姓名: 张三, A课程成绩: 78, B课程成绩: 84, C课程成绩: 67, 平均分: 76.333336。
姓名: 李四, A课程成绩: 88, B课程成绩: 90, C课程成绩: 95, 平均分: 91.000000。
姓名: 王五, A课程成绩: 66, B课程成绩: 79, C课程成绩: 80, 平均分: 75.000000。
```

图 11-10　学生信息输出图

(4) (基础题)共用体的使用。

几个不同的变量共享同一段内存的结构称为共用体,当然这几个变量不能同时存放,在每一瞬时只能存放其中一个变量。如果换一个角度来看,也可以把同一个数,当做不同类型来看待,输出结果也不同。

已知 Visual C++ 中,float 型数据与 unsigned int 都占用 4 字节,但它们的存储形式

不同，可以利用共用体，给它赋予一个 float 型数据，再将它看作是一个 unsigned int 数据来输出（用十六进制表示），以观察 float 数据存储是否与理论值一致。浮点数的存储格式是按 IEEE 754 标准，请参考有关文档，并回答相关问题。

```
#include<stdio.h>
int main()
{
    union
    {
        float r;
        unsigned int n;
    }x;
    x.r=178.125;
    printf("float型数据: %f 存储数据与 unsigned int: %X H相同。\n\n",x.r,x.n);
    return 0;
}
```

问题：

① 存储内容为 3F580000H 时，对应的 float 值是多少？

② float 型数据在计算机内部是以什么方式存储的？

(5)（基础题）枚举类型的使用。

阅读、分析、运行程序，其结果是否与预计的相同？如果不相同，是什么原因造成的？并回答相关问题。

```
#include<stdio.h>
enum Season
{
    spring,summer=100,fall=96,winter
};
typedef enum
{
     Sunday,Monday,Tuesday,Wednesday,Thursday,Friday,Saturday
}
Weekday;
int main()
{
    /* Season */
    printf("%d \n",spring);
    printf("%d,%c \n",summer,summer);
    printf("%d \n",fall+winter);
    Season mySeason=winter;
    if(winter==mySeason)
        printf("mySeason is winter \n");
    int x=100;
    if(x==summer)
```

```
        printf("x is equal to summer\n");
    printf("%d bytes\n",sizeof(spring));
    /* Weekday */
    printf("sizeof Weekday is: %d \n",sizeof(Weekday));
    Weekday today=Saturday;
    Weekday tomorrow;
    if(today==Saturday)
        tomorrow=Sunday;
    else
        tomorrow=(Weekday)(today+1);
        printf("tomorrow is: %d \n",tomorrow);
    return 0;
}
```

问题：

① 枚举类型如何声明？其中的元素是字符串吗？各元素间用什么符号分隔？

② 上述代码声明了几个枚举类型？

③ 枚举类型中各元素的值是整数吗？默认值从什么开始？能够在定义时改变吗？

(6)（提高题）有 n 个学生的信息（包括学号、姓名、成绩），要求按照学号的低到高的顺序输出各学生的信息。

(7)（提高题）有一个书店，需要设计一个简单的数据库，用于存储书籍信息，包括书名、书号、定价、出版社、作者等信息。试编写程序，使用结构体数组设计一个简单的数据库，实现上述信息的输入与输出功能。

(8)（提高题）在第(7)题的基础上实现能按书名、作者、书号查询图书相关信息。

实验12 指 针 (1)

12.1 实验目的

(1) 通过查看变量地址,了解不同类型数据在内存的存储情况;理解用指针存取内存数据的两个关键点:首地址、数据类型(决定占用的存储单元的个数、数据存储方式)。

(2) 掌握指针变量的定义和使用方法:=(赋值)、&(取地址)、*(取内容,间接访问)。

(3) 能够用指针变量作函数参数,实现通过函数调用得到n个要改变的值。

(4) 掌握指针变量p的算术运算:p±n(n为整数)、p++(或p--)、++p(或--p),理解移动一个数据单位的真实含义。

(5) 能够用数组名或指针变量作函数形参,在函数中实现对数据的批量处理。

12.2 知识要点

指针是C语言的一个重要概念,也是C语言的一个重要特色。正确、灵活地运用指针,可以使程序简洁、紧凑、高效。指针是C语言的精华,必须掌握。

1. 指针的概念

指针与内存地址有关,在介绍指针之前,要熟悉内存地址及数据存储的相关知识。

1) 内存地址

程序必须装载到内存中才能运行,而计算机的内存是一维线性空间。假设计算机内存为4GB,则它是由2^{32}个存储单元组成,每个存储单元的大小是1字节。可以将这些存储单元按照从小到大的顺序编址,都是用二进制表示的,转换为十六进制则对应的地址范围为0X00000000~0XFFFFFFFF,如图12-1所示。

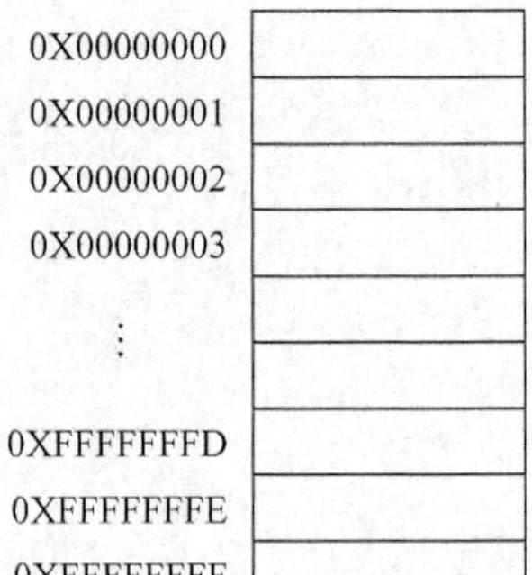

0X00000000
0X00000001
0X00000002
0X00000003
⋮
0XFFFFFFFD
0XFFFFFFFE
0XFFFFFFFF

图 12-1 内存线性空间

2) 不同类型数据的存储

内存可以存储各种不同类型的数据,但是不同类型的数据占用内存单元的个数、存储方式是不同的。例如,在Visual C++中,char型数据占用1B,double型数据占用8B,int、float型数据虽然都是占用4B,但它们的存储方式不同,有关浮点数的存储可以参阅IEEE 754标准;同一数据、数组元素所占用的存储单元是连续的,如图 12-2 和图 12-3 所示。

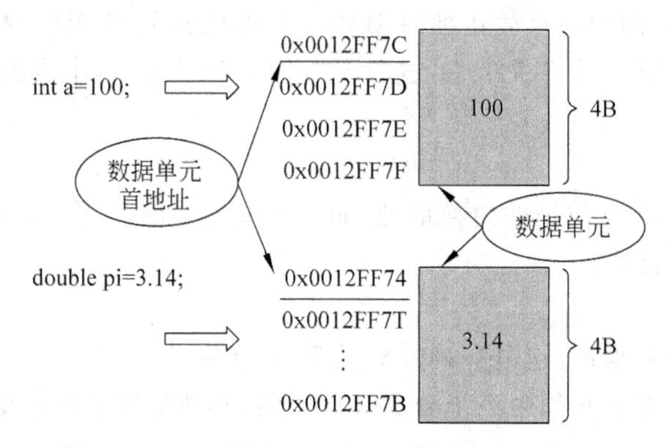

图 12-2 int 型数据和 double 型数据的存储示图

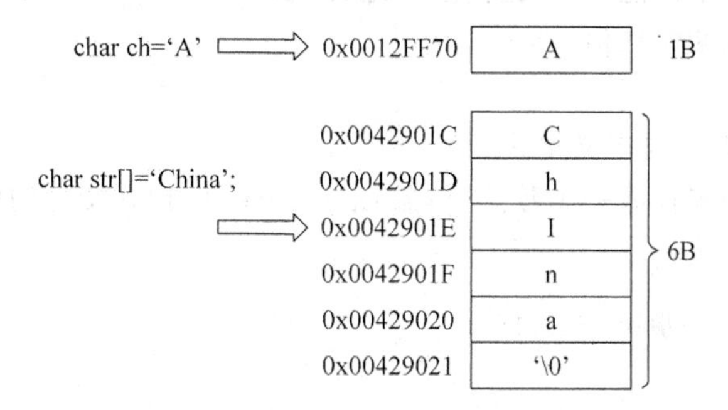

图 12-3 char 型数据和 char 型数组的存储示图

由此可见,数据单元在内存中是连续存放的,根据其首地址和数据类型,就能确定其所占用的存储单元个数和数据存储方式,实现存取数据的目的。

3) 两种存取变量的方式

(1) 直接存取方式:按变量名存取。

例如:

```
int data=3456;
printf("%d",data);
```

(2) 间接存取方式:通过变量的地址来存取其内容。

例如:

```
int i=8864;
int * p_i=&i;                    //将变量 i 的首地址赋给指针变量 p_i
printf("%d", * p_i);          //通过指针变量间接访问 i 值(先得到 i 的地址,再得到其内容)
```

变量的间接存取方式如图 12-4 所示。

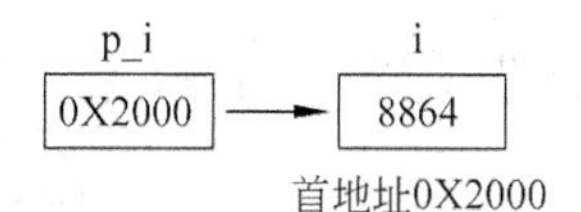

图 12-4 变量的间接存取方式

整型变量 i 中存放了整数 8864,该变量的首地址是 0X2000,这称为它的指针;变量 p_i 是另一类变量,它存放的是 i 的地址,称为指针变量。p_i 与 i 的关系可以用

“指向”来表示，p_i 中存放了 i 的地址，称为 p_i 指向变量 i，这就如同要打开抽屉 A 一样，为了安全起见又将 A 的钥匙存放在抽屉 B 中。只要能找到 B 钥匙，打开抽屉 B，取出抽屉 A 钥匙，再打开抽屉 A 也不是问题，这就是“间接存取”方式，本实验学习的“指针”正是这方面内容。

4）什么是指针

指针是一个指定类型数据的内存地址，如一个变量的地址（图 12-4 中的变量 i），其存放地址 0X2000 就是指针。

说明：

(1) 指针表示的是地址，也是一种数据类型，占 4 字节。

(2) 用户定义的变量必须由系统分配存储空间，其地址值系统能够得到，用户在使用时无须知道具体数值。

(3) NULL 是空指针值，它不指向任何地方，在 Visual C++ 中定义为常数 0，任何类型的指针变量都可以赋予该值。

2. 指针变量

1）指针变量的概念与定义格式

指针变量是指用来存放一个数据（对象）地址的变量，指针变量的值是地址（即指针）。

指针变量定义格式：

```
数据类型 * 变量名 [=指针表达式];
```

说明：

(1) * 是指针类型的标志，不能省略，它不是指针变量名的组成部分；当一条语句中定义多个变量时，每一个指针变量前的 * 号不能省略，如“int * p_a, * p_b;”。

(2) 指针变量的两要素是首地址和数据类型。首地址表示数据存取的起始位置；数据类型是指针变量中所存地址指向数据的类型，又称基类型，决定了数据占用的存储单元长度及存储方式。不同数据类型占用的存储单元长度可能不同，即使长度相同，存储方式也不同（如 int 型和 float 型）。数据类型是通过指针存取数据的基础，通常情况下不允许定义无数据类型的指针变量。

(3) 对指针变量可以进行赋值，但数据类型必须相同。

(4) 允许对指针变量初始化，即定义时并赋地址值。

例如：

```
int a=100;
int * p_a=&a;          //定义指针变量 p_a,数据类型为 int,存放的是变量 a 的首地址
```

指针变量与所指向变量的关系如图 12-5 所示。

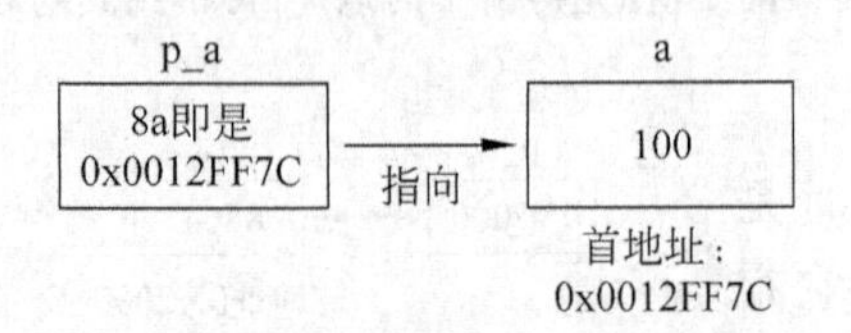

图 12-5 指针变量与所指向变量的关系

提示：指针(pointer)的首字符是 p，所以指针变量通常以 p 开头。

2）避免悬空指针

如果一个指针变量，既没有赋 NULL 值，又没有指向有效的内存地址，则称为“悬空指针”。

因为没有给悬空指针赋予确定的值，所以其值是不确定的，这个未知地址可能指向一个有用数据或一段代码，进行间接存取操作可能带来危险，甚至导致系统崩溃（这种状况就像士兵在操练时，枪口随意乱指，出现误伤的可能性很大），应尽力避免悬空指针的使用。

例如：

```
double * p_d;
* p_d=123.456;              //p_d是悬空指针，试图给它所指向变量赋值，这是一个危险操作
```

如何避免悬空指针的使用呢？

正确做法是，在定义指针变量时对其进行初始化，若不能确定它指向哪一个变量，则应让该指针变量初始化为 NULL。

例如：

```
int * p=NULL;                                  //对指针变量初始化
```

提示：请区分以下类型或值的差异。

(1) void：是空类型，即不指明任何具体的数据类型。

(2) void *：是空类型指针，即不指明数据类型，也就是说 void * 指针仅仅为一个地址值；允许将其他指针的值赋给空类型指针，但不允许将空类型指针赋给其他指针，除非进行强制转换。

(3) NULL 与 void * 不同：NULL 是一个指针值，任何类型的指针可以赋予该值；而 void * 是一种类型，即是一种无任何类型的指针。

3) 指针的两个特殊运算符

& 运算符：取地址，是单目运算，返回其操作对象的内存地址，通常其操作对象为一个变量，如“p_a=&a;”。

* 运算符：间接访问，也是单目运算，存取指针所指单元的值。

例如：

```
printf("%d", * p_a);                           //可以输出变量 a 的值
```

【例 12-1】 使用运算符 & 与 * 对变量进行间接存取访问，并与直接存取作比较。

```
#include<stdio.h>
int main()
{
    int a=10;
    int * p_a;
    p_a=&a;                                    //取地址
    printf("变量 a 的地址(十六进制): %X\n",p_a);
    printf("修改前: 直接访问 a=%d,间接访问 a=%d\n",a, * p_a);
    * p_a=10000;                               //通过间接存取方式修改 a 值
    printf("修改后: 直接访问 a=%d,间接访问 a=%d\n\n",a, * p_a);
    return 0;
}
```

程序运行结果如图 12-6 所示。

从例 12-1 可知,间接存取与直接存取可以实现同样功能。

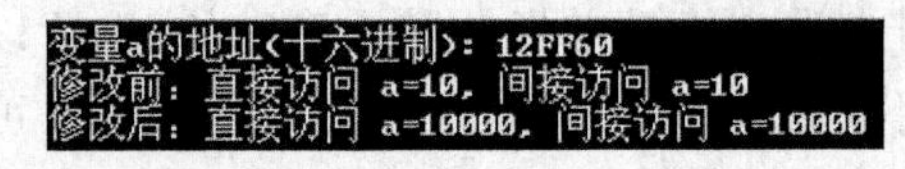

图 12-6 例 12-1 程序运行结果

问题:"int * p_a;"与"* p_a=10 000;"中都有 *,它们的作用是一样吗?

有人编写了如下一段程序代码,它有哪些不足之处?

```
int *p,a=1;
float *q;
*p=5;
q=&a;
printf("p的地址: %X,p的值: %d\n",p,*p);
printf("q的地址: %X,q的值: %f\n",q,*q);
```

这段程序主要有如下两方面不足:

(1) p 未指向有效地址,是悬空指针,此时操作有很大危险,应尽力避免。这是很多初学者容易犯的错误,有时程序也能运行并得到正确结果,但一定要认识到它的危害性,要养成良好编程习惯。

(2) q 指向变量的数据类型与它所定义的数据类型不一致,一个是 int 型;另一个 float 型。

4) 指针变量作为函数参数

指针变量可作函数的参数,当调用函数时,实参向形参传递的是地址,在函数中对形参的改变,都会影响到实参。

【例 12-2】 输入 a 和 b 两个整数,按先小后大的顺序输出 a 和 b。数据的交换要求用函数来实现。

编程思路:

(1) 定义一个函数 swap,它的两个参数是 int 型指针变量,用来指向两个整型变量,在函数中通过指针实现交换两个变量的值。

(2) 主函数调用 swap()时,用两个需要交换大小的变量地址作实参,向形参传递两个 int 型变量的地址,实现交换功能。

程序代码如下:

```
#include<stdio.h>
int main()
{
    void swap(int *p1,int *p2);                //函数声明
    int a,b;
    int *p_a,*p_b;
    printf("please enter a and b:");
    scanf("%d%d",&a,&b);
    p_a=&a;
    p_b=&b;
    if(a>b)
```

```
        swap(p_a,p_b);                              //函数调用
    printf("min=%d,max=%d\n\n",a,b);
    return 0;
}
void swap(int *p1,int *p2)                          //函数定义
{
    int temp;
    temp=*p1;
    *p1=*p2;
    *p2=temp;
}
```

程序运行结果如图 12-7 所示。

为什么 swap()能实现交换两个数据的功能呢？分析其执行过程可以得到答案：

(1) 通过执行“p_a=&a; p_b=&b;”语句，指针变量 p_a、p_b 分别得到变量 a、b 的地址，也就是说 p_a 指向了 a，p_b 指向了 b，如图 12-8 所示。

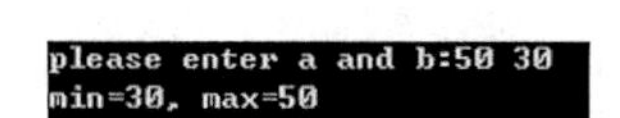

图 12-7　例 12-2 程序运行结果

图 12-8　指针变量 p_a、p_b 分别指向变量 a、b

(2) 当 a>b 时开始调用 swap 函数：先为形参指针变量 p1、p2 申请内存空间，通过虚实结合由实参向形参传递参数，此时仍按“值传递”执行，只是传递的是地址值。由于程序是在同一系统中运行，如果数据类型和起始地址均相同，对应的数据单元也相同，也就是说 p1 指向了 a，p2 指向了 b，如图 12-9 所示。

(3) 在 swap 函数中，通过执行“int temp;temp=*p1; *p1=*p2; *p2=temp;”语句，用间接存放方式，交换了指针变量 p1、p2 所指数据单元的值，即是变量 a、b 的值，如图 12-10 所示。

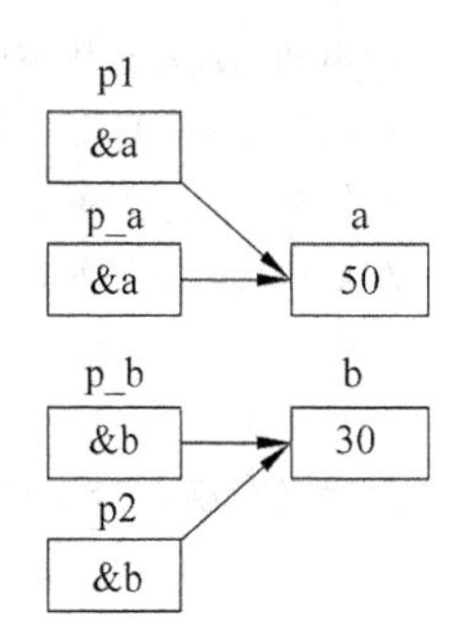

图 12-9　形参指针变量 p1、p2 分别指向变量 a、b

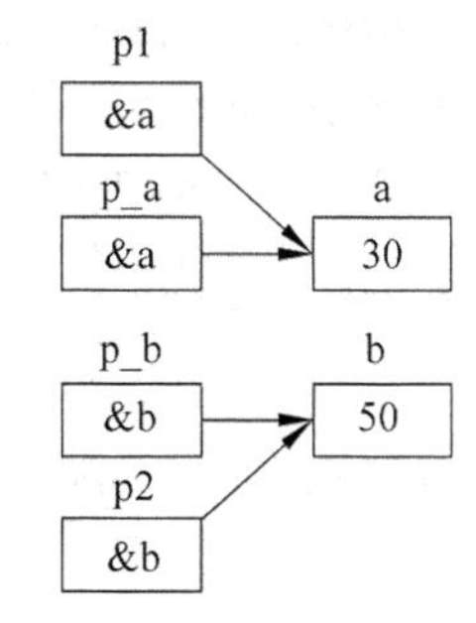

图 12-10　形参指针变量 p1、p2 所指变量 a、b 的值进行交换

(4) swap 函数执行完毕，释放形参指针变量 p1、p2 占用的内存空间，实参指针变量 p_a、p_b 和变量 a、b 仍存在，已交换过的变量 a、b 的值保持不变，故实现交换两个数据的

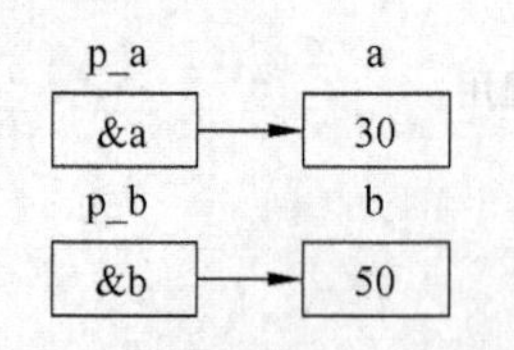

图 12-11 swap()执行之后，变量 a、b 的值交换成功

功能，如图 12-11 所示。

如果想通过函数调用得到 n 个要改变的值，该函数的形参可以为 n 个指针变量；在函数中，通过形参指针变量，间接改变它们所指向的 n 个变量的值，即可达到修改目的。

【例 12-3】 输入三个整数 a,b,c，要求按由小到大的顺序将它们输出，要求调用一个函数来实现。

编程思路：扩展例 12-2 中的方法，在函数中改变三个变量的值，swap 函数交换两个变量的值，exchange 函数通过多次调用 swap 方法，改变三个形参指针变量所指变量的值。

程序代码如下：

```
#include<stdio.h>
int main()
{
    void exchange(int * q1,int * q2,int * q3);          //声明函数 exchange
    int a,b,c, * p_a, * p_b, * p_c;
    printf("please enter three numbers:");
    scanf("%d%d%d",&a,&b,&c);
    p_a=&a;
    p_b=&b;
    p_c=&c;
    exchange(p_a,p_b,p_c);                              //调用函数 exchange
    printf("The order is:%d,%d,%d\n\n",a,b,c);
    return 0;
}

void exchange(int * q1,int * q2,int * q3)               //定义交换三个变量值的函数
{
    void swap(int * p1,int * p2);                       //声明 swap 函数声明
    if(* q1> * q2) swap(q1,q2);                         //如果 a>b,交换 a 和 b 的值
    if(* q1> * q3) swap(q1,q3);                         //如果 a>c,交换 a 和 c 的值
    if(* q2> * q3) swap(q2,q3);                         //如果 b>c,交换 b 和 c 的值
}

void swap(int * p1,int * p2)                            //定义交换两个变量值的函数
{
    int temp;
    temp= * p1;
    * p1= * p2;
    * p2=temp;
}
```

程序运行结果如图 12-12 所示。

```
please enter three numbers:70 30 90
The order is:30,70,90
```

图 12-12 例 12-3 程序运行结果

3. 指针运算

1) 指针与整数进行加、减运算

设 n 为正整数，指针所指向的基类型为 T，p 为 T 类型的指针，p+n(或 p−n)表示指针从当前位置向后(或向前)移动 n 个数据单元，而不是 n 字节。

当基类型 T 不同时，移动一个数据单元对应的字节数也不同，实际移动的字节数为 n * sizeof(T)。

【例 12-4】 验证不同数据类型，每一数据单元所占用的存储空间不同。

编程思路：分别创建 char、int、double 三种类型的数组，分别移动 1、2 个数据单元，输出对应的地址值和间接访问的数据值。

程序代码如下：

```
#include<stdio.h>
int main()
{
    char str[]="Hello", * p;
    p=str;                                          //将数组 str 首地址赋给指针变量 p
    printf("char  型数据每一数据单元占用: 1B\n");
    printf("p   地址: %X,输出数据: %s\n",p,p);
    printf("p+1 地址: %X,输出数据: %s\n",p+1,p+1);
    printf("p+2 地址: %X,输出数据: %s\n\n",p+2,p+2);

    int a[]={10,20,30}, * pa;
    pa=a;                                           //将数组 a 首地址赋给指针变量 pa
    printf("int   型数据每一数据单元占用: 4B\n");
    printf("pa  地址: %X,输出数据: %d\n",pa, * pa);
    printf("pa+1 地址: %X,输出数据: %d\n",pa+1, * (pa+1));
    printf("pa+2 地址: %X,输出数据: %d\n\n",pa+2, * (pa+2));

    double d[]={1.1,2.2,3.3}, * pd;
    pd=d;                                           //将数组 d 首地址赋给指针变量 pd
    printf("double 型数据每一数据单元占用: 8B\n");
    printf("pd  地址: %X,输出数据: %f\n",pd, * pd);
    printf("pd+1 地址: %X,输出数据: %f\n",pd+1, * (pd+1));
    printf("pd+2 地址: %X,输出数据: %f\n\n",pd+2, * (pd+2));
    return 0;
}
```

程序运行结果如图 12-13 所示，指针与整数相加的示意图如图 12-14 所示。

2) 指针变量的自增 1(++)和自减 1(−−)运算

自增 1(或自减 1)运算，会使指针指向下一个(或上一个)相同数据类型的数据。

思考题：设 p 为指针变量，* p++(或 * p−−)、* ++p(或 * −−p)、(* p)++或(* p)−−各表示什么含义？

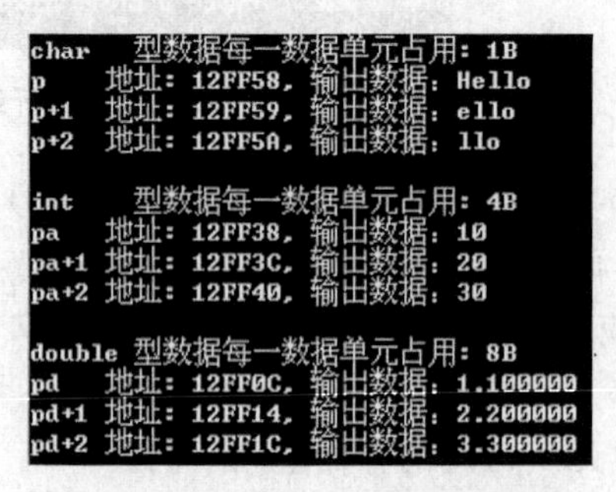

图 12-13 例 12-4 程序运行结果

p p+1 p+2

H	e	l	l	o	'\0'

pa pa+1 pa+2

10	20	30

pd pd+1 pd+2

1.1	2.2	3.3

图 12-14 指针与整数相加示意图

【例 12-5】 用用自增运算改写例 12-4 的部分程序。

程序代码如下：

```
#include<stdio.h>
int main()
{
    int a[]={10,20,30}, * pa;
    pa=a;                                          //将数组 a 首地址赋给指针变量 pa
    printf("int  型数据每一数据单元占用: 4B\n");
    printf("pa  地址: %X,输出数据: %d\n",pa, * pa);
    printf("pa+1 地址: %X,输出数据: %d\n",++pa, * pa);
    printf("pa+2 地址: %X,输出数据: %d\n\n",++pa, * pa);
    return 0;
}
```

程序运行结果如图 12-15 所示。

3) 指针变量的关系运算

指针变量的值是地址。地址有大小之分，可以利用关系运算符(==、!=、>、>=、<、<=)比较大小。

例如，程序段：

```
for (int * p=a;p<a+n;++p)                          //a 是一个已定义数组名
   printf("%d ", * p);
```

就是利用地址的大小比较(p<n)，来控制循环次数，达到输出数组元素的目的。

4) 指向同一数组不同元素的指针可以进行相减运算

指向同一数组不同元素的指针可以进行相减运算，结果为两个指针之间相差元素的个数，如图 12-16 所示。

图 12-15 例 12-5 程序运行结果

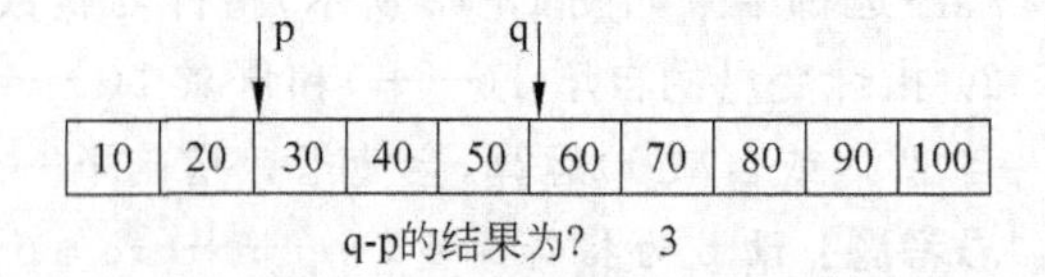

图 12-16 数组元素指针相减运算

注意:指向同一数组不同元素的指针,不能进行相加运算。

4. 指针与一维数组

数组是由相同数据类型的元素构成的集合,在内存中数组元素连续存放。在 C 语言中,指针和数组的关系密切。实际上,数组名作为参数、数组元素的存取,都可以通过指针来完成,在很多时候指针和数组可以互换。

1) 数组名

有了地址、指针的概念之后,对数组的名字可以有更深的理解:

(1) 数组名是一个地址常量,可以把它赋给一个指针变量,但不允许修改它的值。

(2) 数组名指向该数组第一个元素的地址,但在一维数组、二维数组中代表的指针类型不同。

例如:

```
int a[10]={1,3,5,7,9,11,13,15,17,19};
```

数组与指针的关系如图 12-17 所示。

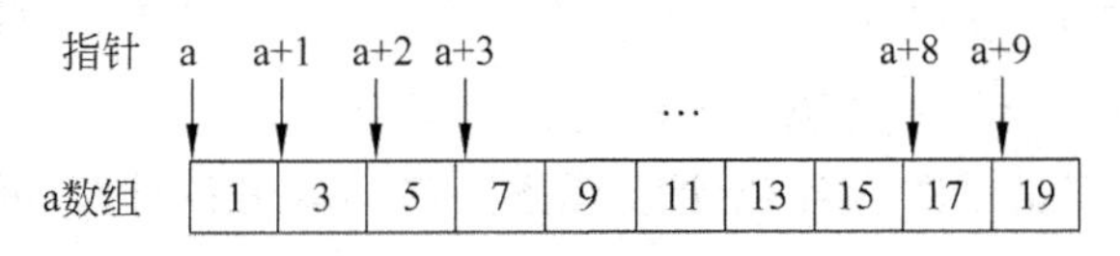

图 12-17 数组与指针的关系

可以看出,数组元素的下标即是数组元素地址的偏移量(相对于数组首地址,如 a)。一个数组元素偏移量的大小可以通过表达式 sizeof(数据类型)计算,如例 12-5 中为 4 字节(即 sizeof(int))。

2) 数组元素的指针

数组元素的指针就是数组元素的地址,既可以通过数组元素"取地址"获得,也可以通过"数组名与整数相加"得到,或通过指针变量的"自增自减"运算实现。仍以前面的整型数组 a 为例:

```
int *p;                                    //定义指针变量
p=&a[0];
```

或

```
p=a;
```

均可得到数组第一个元素(下标为 0)的地址。

注意:数组名 a 不代表整个数组,只代表数组首元素的地址。"p=a;"的作用是"把 a 数组的首元素的地址赋给指针变量 p",而不是"把数组 a 各元素的值赋给 p"。

同理,"p=&a[i];"或"p=a+i;"均可得到数组下标为 i 元素的地址。

当然,也可以先给 p 赋值初值,如"p=a;"再通过++p(或 p++)得到后续各元素的指针。

问题:能否用"printf("%d", *++a);"来输出 a[1]的值?

3) 数组元素的引用

有了数组元素的指针,用间接方法存取数组元素就是一件很容易的事情,这样,数组元素的引用除了传统的“下标法”,又多一种“指针法”。以前面的整型数组 a 为例,下列几种方法均可以访问数组元素:

(1) 数组名与整数相加,得到数组元素的指针,再间接访问:

```
int a[10]={1,3,5,7,9,11,13,15,17,19};
for(int i=0;i<10;i++)
    printf("%d\n", * (a+i));
```

这种方法的效率等同于传统的下标法。

(2) 通过给指针变量赋数组名,然后与整数相加,得到数组元素的指针,再间接访问:

```
int a[10]={1,3,5,7,9,11,13,15,17,19};
int * p=a;
for(int i=0;i<10;i++)
    printf("%d\n", * (p+i));                          //* (p+i)也可写成 p[i]
```

这种方法的效率也等同于传统的下标法。

(3) 通过给指针变量赋数组名,指针变量逐一指向数组各元素,再间接访问:

```
int a[10]={1,3,5,7,9,11,13,15,17,19};
int * p;
for(p=a;i<a+10;p++)
    printf("%d\n", * p);
```

这种方法不必每次都重新计算地址,执行效率更高。

综上所述,可以得出一个重要结论:

若有

```
int a[10]={1,3,5,7,9,11,13,15,17,19};
int * p;
p=a;
```

则 a[i]、*(a+i)、*(p+i)、p[i]四者等效。这一结论适用于所有一维数组。

4) 数组名作函数参数

已知,数组名表示的是地址,既可以作形参,也可能作实参。对应的实参、形参既可以是数组名,也可以是指针变量,只要能保证虚实结合时地址值能正确传递即可,两个函数 void fun(int arr[ ],int n){…}与 fun(int * arr,int n){…},在功能上是等效的。

当函数需要处理批量数据时,使用数组名或指针变量作为函数形参,函数调用只需要传递数据的首地址,可大大提高工作效率。

【例 12-6】 用指针方法对 10 个整数按由大到小顺序排序,并输出。

编程思路:

(1) 用带指针变量的函数实现排序功能。

(2) 主函数定义一个数组,先输入,再调用排序函数,最后输出结果。

程序代码如下：

```
#include<stdio.h>
int main()
{
    void sort(int * x,int n);                          //sort 函数声明
    int i, * p,a[10];
    p=a;                                               //指针变量 p 指向 a[0]
    printf("please enter 10 integer numberes:\n");
    for(i=0;i<10;i++)
        scanf("%d",p++);                               //输入个整数
    p=a;                                               //指针变量 p 重新指向 a[0]
    sort(p,10);                                        //调用 sort 函数
    printf("sorted array: ");
    for(p=a;p<a+10;p++)
        printf("%d ", * p);                            //输出排序后的个数组元素
    printf("\n\n");
    return 0;
}

void sort(int * x,int n)                               //定义 sort 函数,x 是指针变量
{
    int i,j,k,t;
    for(i=0;i<n-1;i++)
    {
        k=i;
        for(j=i+1;j<n;j++)
            if(* (x+j)> * (x+k))
                k=j;
        if(k!=i)                                     //交换指针 (x+k)与 (x+i)指向变量的值
        {
            t= * (x+i);
            * (x+i)= * (x+k);
            * (x+k)=t;
        }
    }
}
```

程序运行结果如图 12-18 所示。

```
please enter 10 integer numberes:
10 20 30 40 50 60 70 80 90 100
sorted array: 100 90 80 70 60 50 40 30 20 10
```

图 12-18 例 12-6 程序运行结果

12.3 实验内容与步骤

(1)(基础题)根据注释填写程序所缺代码,然后运行程序,并回答相关问题。

```
#include<stdio.h>
int main()
{
    char ch1='I',ch2='Q';
    int n1=1,n2=6;
    double d1=1.25,d2=20.5;
    //定义两个指针变量pch_1、pch_2分别指向ch1、ch2
    ________①________
    //定义两个指针变量pn_1、pn_2分别指向n1、n2
    ________②________
    //定义两个指针变量pd_1、pd_2分别指向d1、d2
    ________③________

    //分别输出上述ch1、ch2、n1、n2、d1、d2六个变量的地址(即6个指针变量的值)
    ________④________
    ________⑤________
    ________⑥________

    //用间接存取方式输出ch1、ch2、n1、n2、d1、d2六个变量的值
    ________⑦________
    ________⑧________
    ________⑨________

    //用间接存取方式修改6个变量的值:char型大写变小写,int型减5,double型加10.0
    ________⑩________
    ________⑪________
    ________⑫________

    //再次用间接存取方式输出ch1、ch2、n1、n2、d1、d2六个变量的新值
    ________⑬________
    ________⑭________
    ________⑮________
    return 0;
}
```

问题:

① 如何定义指针变量?怎样得到一个变量的地址并赋给指针变量?

② 连续定义的多个变量是连续存放吗?如何输出变量的地址(用十六进制数表示)?

③ 怎样用间接方式存取变量?

(2)（基础题）请说明并上机验证下列函数中，哪些能实现主调函数的实参数据交换功能，哪些不能实现或程序存在问题，为什么？

①

```
void swap1(int *p1,int *p2)
{
    int temp;
    temp= *p1;
    *p1= *p2;
    *p2=temp;
}
```

②

```
void swap2(int *p1,int *p2)
{
    int *temp;
    *temp= *p1;
    *p1= *p2;
    *p2= *temp;
}
```

③

```
void swap3(int x,int y)
{
    int temp;
    temp=x;x=y;y=temp;
}
```

④

```
void swap4(int *p1,int *p2)
{
    int *p;
    p=p1;
    p1=p2;
    p2=p;
}
```

(3)（基础题）分析、运行下列程序，查看数组元素的地址，能够使用多种方法得到元素的指针，实现间接访问。

①

```
#include<stdio.h>
int main()
{
```

```
    int a[]={5,10,15,30};
    printf("int 型数组各元素的地址:\n");
    for(int i=0;i<4;i++)
        printf("%X\t",&a[i]);
    printf("\n");

    for(int i=0;i<4;i++)
        printf("%X\t",a+i);
    printf("\n");

    int * pa=a;
    for(int i=0;i<4;i++)
        printf("%X\t",pa++);
    printf("\n\n");

    printf("反序输出数组元素:\n");
    for(pa=a+3;pa>=a;pa--)
        printf("%d\t", * pa);
    printf("\n\n");

    return 0;
}
```

②

```
#include<stdio.h>
int main()
{
    double d[]={1.1,2.2,3.3,4.4,5.5,6.6,7.7,8.8};
    double s=0;
    double * pd=d+3;
    while(pd<d+8)
        s+= * pd++;

    printf("s=%f,aver=%f\n\n",s,s/5);

    return 0;
}
```

(4)(基础题)使用指针编程实现:输入三个浮点数,然后按由大到小顺序输出。

(5)(提高题)用指针存取内存数据的两个关键点:首地址和数据类型(决定占用的存储单元的个数、数据存储方式),即使首地址相同、占用内存字节数也相同,但数据类型不同时,数据的存储方式也不同。通过运行下列程序,加深对指针数据类型的认识。

```
#include<stdio.h>
```

```
int main()
{
    char str[]="ABCD";
    int *p_i;
    float *p_f;

    printf("char类型：1个数据单元占4个字节\n");
    for(int i=0;i<4;i++)
        printf("字符：%c,对应的十六进制数：%X\n",str[i],str[i]);
    printf("\n");

    printf("看作int类型：1个数据单元占4个字节\n");
    p_i=(int*)str;
    printf("数据值：%d,对应的十六进制数：%X\n\n",*p_i,*p_i);

    printf("看作float类型：1个数据单元占4个字节,但存储方式不同\n");
    p_f=(float*)str;
    printf("数据值：%f\n\n",*p_f);

    return 0;
}
```

(6)（提高题）编程实现：在主函数中定义一个有10个元素的float数组，并赋值。该程序还包含两个函数：

① void change(float *x,int k)的功能是让该数组中的前k个元素值为0。

② void print(float *x,int n)的功能是输出该数组中的所有元素。

请在主函数中分别调用这两个函数，验证是否实现所要求的功能。

实验13 指 针 （2）

13.1 实验目的

（1）熟悉二维数组行指针、列指针的类型，加减 1 所移动的字节数，以及如何利用它们来存取数组元素。

（2）熟悉指针变量引用字符串的方法，掌握字符指针变量作函数参数的使用方法。

（3）熟悉函数指针的基本用法。

（4）熟悉指针数组的基本用法和字符串的排序算法。

（5）能够用指针解决一些实际问题。

13.2 知识要点

1. 指针与多维数组

下面以二维数组为例，说明指针与多维数组的关系。

现定义一个二维数组：

```
int a[3][4]={{1,3,5,7},{9,11,13,15},{17,19,21,23}};
```

由二维数组的定义可知，可将它看作“数组的数组”，即数组 a 是由 a[0]、a[1]、a[2]三个元素组成的一维数组，而这三个元素本身又是由 4 个元素构成的一维数组，如图 13-1 所示。

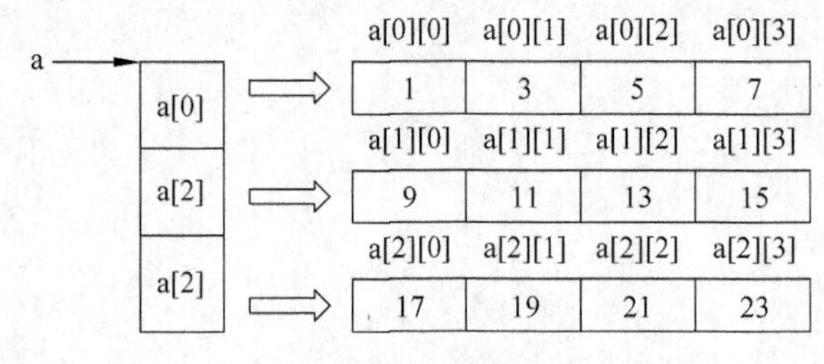

图 13-1 二维数组

a[0]、a[1]、a[2]是一维数组名，根据前面知识，它们表示的是地址，而不是数值。现在讨论 a[i]与 a、&a[i][j]的关系。

1）行指针与列指针

在介绍二维数组内容时，曾经提到二维数组是按行线性存放的。现假设数组第一个元素 1 的首地址为 2000（相对地址，为表示方便使用十进制），则该数组各元素的首地址为括号内数值，a、a+1、a+2 表示的是行位置，称为行指针；每一行的各列位置，如 a[0]、a[0]+1、a[0]+2、a[0]+3，称为列指针，如图 13-2 所示。

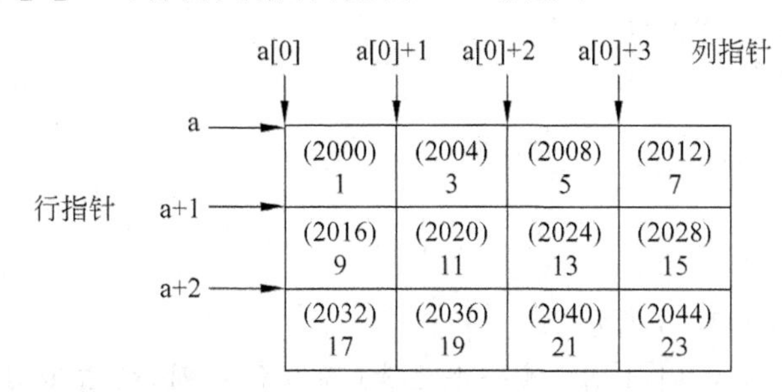

图 13-2　二维数组的行、列指针

行指针：每增加 1，位置移动一行（按行变化），a+i 代表的第 i 行的首地址，即 a 代表第 0 行首地址，a+1 代表第 1 行首地址，a+2 代表第 2 行首地址；其类型为 int(* p)[4]，即指向由 4 个整型元素组成的一维数组，在 Visual C++ 中该类型指针±1 移动 16 字节。

列指针：指在某一行中每增加 1，位置移动一列（按列变化），a[i]+j 代表第 i 行第 j 列元素的首地址，即 a[0]代表第 0 行第 0 列元素的首地址，a[0]+1 代表第 0 行第 1 列元素的首地址，a[0]+2 代表第 0 行第 2 列元素的首地址，a[0]+3 代表第 0 行第 3 列元素的首地址，其余各行类似；其类型是 int * p，在 Visual C++ 中该类型指针±1 移动 4 字节。

总之，有关二维数组 a 的元素与指针有如下结论：

(1) 数组名 a 表示首行地址，是一个常量，不允许修改；a+i(i=1,2)表示第 i 行的首地址。它们的类型均为 int(* p)[4]，即指向由 4 个整型元素组成的一维数组，在 Visual C++ 中该类型指针±1 移动 16 字节。

(2) a[i]= * (a+i)(i=0,1,2)表示第 i 行 0 列元素的首地址；a[i]+j= * (a+i)+j(i=0,1,2; j=0,1,2,3) 表示第 i 行 j 列元素的首地址；它们的类型均为 int * p，即指向整型的指针，在 Visual C++ 中该类型指针±1 移动 4 字节。

(3) a+i 与 a[i]= * (a+i)的地址可能相同，但类型不同。

(4) 元素 a[i][j]可表示为 * (a[i]+j)或 * (* (a+i)+j)(i=0,1,2; j=0,1,2,3)。

注意：使用指针时，应特别注意其类型。类型不同，指针±1 移动的字节数不一样。

【例 13-1】　有一个 3×4 的二维数组，要求用指向元素的指针变量（即列指针）输出二维数组各元素的值。

编程思路：二维数组元素是按一维线性方式排列的，用 int * p 类型指针来指向数组的元素，也就是说，将二维数组当作是一维数组来使用。

程序代码如下：

```
#include<stdio.h>
int main()
```

```
{
    int a[3][4]={1,3,5,7,9,11,13,15,17,19,21,23};
    int *p;
    for(p=a[0];p<a[0]+12;p++)
    {
        if((p-a[0])%4==0)
            printf("\n");
        printf("%4d",*p);
    }
    printf("\n\n");
    return 0;
}
```

程序运行结果如图 13-3 所示。

提示：在二维数组 a[3][4]中，第一个元素(即 0 行 0 列)的首地址是 *(a+0)+0=*a，即 a[0]，而不是 a。

【例 13-2】 有一个 3×4 的二维数组，要求用指向一维数组元素的指针变量(即行指针)输出所有元素的值。

编程思路：用 int (*p)[4]类型指针来指向数组中的行，再在此基础上得到各行各列数组元素的指针，并输出结果。

程序代码如下：

```
#include<stdio.h>
int main()
{
    int a[3][4]={1,3,5,7,9,11,13,15,17,19,21,23};
    int (*p)[4],i,j;                    //指针变量 p 指向包含个整型元素的一维数组
    p=a;                                //p 指向二维数组的行
    for(i=0;i<3;i++,p++)                //p 指针逐渐下移
    {
        for(j=0;j<4;j++)
            printf("%4d",*(*p+j));      //输出 a[i][j]的值
        printf("\n");
    }
    printf("\n");
    return 0;
}
```

程序运行结果如图 13-4 所示。

图 13-3 例 13-1 程序运行结果

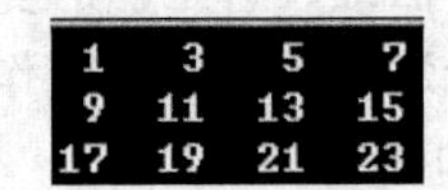

图 13-4 例 13-2 程序运行结果

说明：例 13-1 与例 13-2 中二维数组相同，输出结果也一样，但所使用的指针类型是不同的。

2）用指向数组的指针作函数参数

一维数组名可以作为函数参数，多维数组名也可作函数参数，一维数组名是地址（即指针常量），二维数组名是行指针常量。

【例 13-3】 有一个班，三个学生，各学 4 门课，输出学生总平均分数以及第 n 个学生的成绩。

编程思路：

(1) 用函数 average 求出总平均成绩，并返回；函数参数是指向变量的指针（即指针变量）；

(2) 用函数 search 找到并输出第 n 个学生的成绩，用指向一维数组的指针变量做参数（行指针）。

程序代码如下：

```
#include<stdio.h>
int main()
{
    float average(float *p,int n);                    //函数声明
    void search(float (*p)[4],int n);                 //函数声明
    float score[3][4]={{65,67,70,60},{80,87,90,81},{90,99,100,98}};
    float aver;
    aver=average(*score,12);                          //函数调用
    printf("average=%5.2f\n\n",aver);
    search(score,2);                                  //函数调用
    return 0;
}
float average(float *p,int n)                         //函数定义
{
    float *p_end;
    float sum=0,av;
    p_end=p+n-1;
    for(;p<=p_end;p++)
        sum=sum+(*p);
    av=sum/n;
    return av;
}

void search(float (*p)[4],int n)                      //函数定义
{
    int i;
    printf("The score of No.%d are:\n",n);
    for(i=0;i<4;i++)
```

```
        printf("%5.2f ",*(*(p+n)+i));
    printf("\n\n");
}
```

```
average=82.25

The score of No.2 are:
90.00 99.00 100.00 98.00
```

图 13-5 例 13-3 程序运行结果

程序运行结果如图 13-5 所示。

说明：在二维数组 score 中，数组名 score 是第 0 行的首地址，* score 是第 0 行 0 列元素的首地址。所以，函数调用的格式分别是 search(score,2)和 average(* score,12)（若为 average(score,12)，则出错）。

2. 指针与字符串

C 语言的字符串是以'\0'作为结束标志的，只要知道字符串的起始位置，就可以从头到尾访问字符串。所以，有关字符串的操作，更多的是考虑其首地址。

1）字符串的引用方式

字符串是存放在字符数组中的，引用一个字符串，可以采用以下两种方法：

(1) 用字符数组存放一个字符串，可以通过数组名和格式声明"%s"输出该字符串，也可以通过数组名和下标引用字符串中一个字符：

```
char str1[]="Hello";                    //定义字符数组,并初始化
printf("%s\n",str1);                    //输出字符串 str1
printf("%c\n",str1[1]);                 //输出字符串中的一个字符
```

(2) 用字符指针变量指向一个字符串常量，通过字符指针变量引用字符串常量：

```
char * str2="Hello";            //定义字符指针,并将字符串常量的首地址赋给 str2
printf("%s\n",str2);            //输出字符串 str2
```

说明：方法(1)建立了字符数组，字符数组保存了字符串的内容；方法(2)只是将字符串首地址赋给字符指针变量，字符串本身保存在另外一个无名字符数组(编译系统会自动分配相应空间来存放这个字符串常量，字符指针的值就是这个无名数组首地址)。

【例 13-4】 通过字符指针变量输出一个字符串。

编程思路：定义一个字符指针变量，用它指向字符串常量中的字符，并输出该字符串。程序代码如下：

```
#include<stdio.h>
int main()
{
    char * string="I love China!";
    printf("%s\n",string);
    string="I am a student.";
    printf("%s\n\n",string);
    return 0;
}
```

```
I love China!
I am a student.
```

图 13-6 例 13-4 程序运行结果

程序运行结果如图 13-6 所示。

说明：

(1) string 是指针变量，它只是存放字符串的首地址，字符串的内容存放在无名数组中。

（2）指针变量中存放的地址可以改变，这点与字符数组不同。

【例 13-5】　将字符串 a 复制为字符串 b，然后输出字符串 b。

编程思路：定义两个字符数组 a 和 b，用“I am a student.”对 a 数组初始化。将 a 数组中的字符逐一复制到 b 数组中。可采用地址和指针变量两种方法来实现。

```
//方法 1：通过地址访问数组元素
#include<stdio.h>
int main()
{
    char a[]="I am a student.",b[20];
    int i;
    for(i=0;*(a+i)!='\0';i++)
        *(b+i)=*(a+i);                  //将 a[i]的值赋给 b[i]
    *(b+i)='\0';                        //在 b 数组的有效字符之后加'\0'
    printf("string a is:%s\n",a);       //输出 a 数组中全部字符
    printf("string b is:");
    for(i=0;b[i]!='\0';i++)
        printf("%c",b[i]);              //逐个输出 b 数组中全部字符
    printf("\n\n");
    return 0;
}
```

```
string a is:I am a boy.
string b is:I am a boy.
```

图 13-7　例 13-5 程序运行结果

程序运行结果如图 13-7 所示。

```
//方法 2：用指针变量访问字符串
#include<stdio.h>
int main()
{
    char a[]="I am a boy.",b[20],*p1,*p2;
    p1=a;p2=b;                          //p1,p2 分别指向 a 数组和 b 数组中的第一个元素
    for(;*p1!='\0';p1++,p2++)
        *p2=*p1;                        //将 p1 所指向的元素的值赋给 p2 所指向的元素
    *p2='\0';                           //在复制完全部有效字符后加'\0'
    printf("string a is:%s\n",a);       //输出 a 数组中的字符
    printf("string b is:%s\n\n",b);     //输出 b 数组中的字符
    return 0;
}
```

程序运行结果与图 13-7 一样，不再重复。

问题：

（1）为什么要在复制完字符串内容后加‘\0’？

（2）用地址和指针变量两种方法复制字符串，有什么异同？

2）字符指针作函数参数

如果想把一个字符串从一个函数“传递”到另一个函数，最有效的方法是传递首地址，

既可用字符数组名作参数,也可以用字符指针变量作参数。如果在被调用的函数中,改变了字符串内容,则主调函数对应的字符串内容也随之变化。

【例 13-6】 用函数调用实现字符串的连接。

编程思路:

(1) 实参、形参均可以为数组名、指针变量,这样可形成 4 种组合,这里实参用数组名、形参为指针变量。

(2) 连接时应先将目标字符串指针移至尾部,再将需要连接的字符串逐一拷贝过来,最后加上字符串结束标志'\0'。

程序代码如下:

```
#include<stdio.h>
int main()
{
    void my_strcat(char * dest,char* src);          //函数声明
    char a[100]="I am a teacher.";
    char b[]="You are a student.";
    printf("连接前:a=%s\n b=%s\n",a,b);               //输出 a 串和 b 串
    my_strcat(a,b);                                   //函数调用
    printf("连接后:a=%s\n b=%s\n",a,b);
    return 0;
}
void my_strcat(char * dest,char* src)               //函数定义
{
    for(;*dest!='\0';dest++)                          //移动指针到字符串尾部
        ;
    for(;*src!='\0';src++,dest++)
        *dest=*src;
    *dest='\0';
}
```

程序运行结果如图 13-8 所示。

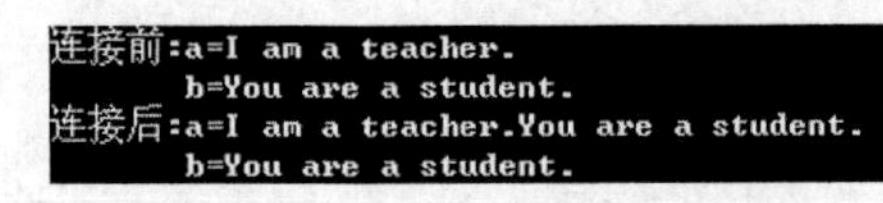

图 13-8 例 13-6 程序运行结果

问题:能否将 my_strcat(char * dest, char * src)中的循环条件 * dest! ='\0'、* src! ='\0'分别简化为 * dest'、* src ?

3) 字符指针变量和字符数组使用中的差异

用字符数组和字符指针变量都能实现字符串的存储和运算,但它们之间是有区别的,不能混淆,主要有以下几点:

(1) 两者的性质不同:字符数组由若干个元素组成,每个元素中放一个字符,而字符指针变量中存放的是字符串第一个字符的地址。

(2) 赋值方式不同:可以对字符指针变量赋值,但不能对数组名赋值。

例如:

```
char * a; a="I love China! ";                  //正确
char str[14]; str[0]='I';                      //正确
char str[14]; str="I love China! ";            //错误
```

（3）初始化的含义不同：

```
char * a="I love China!";
```

与

```
char * a; a="I love China!";
```

等价。

```
char str[14]="I love China!";
```

与

```
char str[14]; str[]="I love China!";
```

两者不等价，前者正确；后者错误。

（4）是否有相应存储单元空间，在使用 scanf()时有区别。

```
char * a; scanf("%s",a);                       //错误，因为 a 是悬空指针，不能存放字符串
char * a,str[10]; a=str; scanf ("%s",a);       //正确
```

（5）指针变量的值是可以改变的，而数组名代表一个固定的值（数组首元素的地址），不能改变。

（6）字符数组中各元素的值是可以改变的，但字符指针变量指向的字符串常量中的内容是不能改变。

```
char a[]="House", * b="House";
a[2]='r';                                      //正确
b[2]='r';                                      //错误
```

3. 指向函数的指针（函数指针）

如果程序中定义了一个函数，在编译时，编译系统为函数代码分配一段存储空间，这段存储空间的起始地址，称为函数的指针。

可以定义一个指向函数的指针变量，用来存放某一函数的起始地址，这就意味着此指针变量指向该函数。

例如，“int (* p)(int,int);”中，p 是指向函数的指针变量，它可以指向参数为两个 int 型、返回值为 int 型的函数。p 的类型用 int(*)(int,int)表示。

注意：( )不能省略。

定义指向函数的指针变量的一般格式为：

```
数据类型 (* 指针变量名)(函数参数表列);
```

例如：

```
int (*p)(int,int);
p=max;                                   //正确
p=max(a,b);                              //错误
```

说明：p+n、p++、p--等运算无意义。

为什么要使用函数指针呢？因为：

(1) 不能把函数本身当成参数传给另一个函数，但可以把函数指针当作参数。

(2) 不能把函数本身存入数组或结构体中，却可以把函数指针存入数组或结构体中。

【例 13-7】 输入两个整数，然后让用户选择 1 或 2，选 1 时调用 max 函数，输出两者中的大数，选 2 时调用 min 函数，输出两者中的小数。

编程思路：

(1) 定义两个函数 max 和 min，分别用来求两个整数中的较大者和较小者。

(2) 在主函数中根据用户输入的数字 1 或 2，使指针变量指向 max()或 min()。

程序代码如下：

```
#include<stdio.h>
int main()
{
    int max(int,int);                    //函数声明
    int min(int x,int y);                //函数声明
    int (*p)(int,int);                   //定义指向函数的指针变量
    int a,b,c,n;
    printf("请输入两个整数 a、b: ");
    scanf("%d%d",&a,&b);
    printf("请输入 1 或 2: ");
    scanf("%d",&n);                      //输入 1 或 2
    if (n==1)
        p=max;                           //如输入 1,使 p 指向 max 函数
    else if (n==2)
        p=min;                           //如输入 2,使 p 指向 min 函数
    c=(*p)(a,b);                         //调用 p 指向的函数
    printf("a=%d,b=%d\n",a,b);
    if (n==1)
        printf("较大值=%d\n\n",c);
    else
        printf("较小值=%d\n\n",c);
    return 0;
}
int max(int x,int y)
{
    if(x>y)
        return x;
    else
```

```
        return y;
}
int min(int x,int y)
{
    if(x<y)
        return x;
    else
        return y;
}
```

程序运行结果如图 13-9 所示。

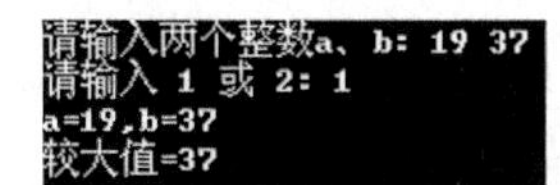

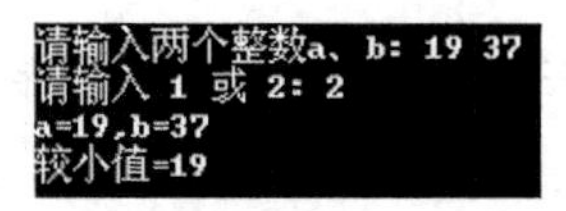

图 13-9 例 13-7 程序运行结果

问题：函数指针如何定义、赋值、调用所指函数？

4. 返回指针值的函数（指针函数）

一个函数可以返回一个整型值、字符值、实型值等，也可以返回指针型的数据，即地址。

定义返回指针值的函数的一般格式为：

```
类型名 * 函数名(参数表列);
```

例如：

```
float * search(float (* p)[4],int n);
```

该函数的形参分别为指向由 4 个整型组成的一维数组指针和整数，返回值为 float 型指针。

提示：请注意指针函数与函数指针格式上的差异。

5. 指针数组

顾名思义，指针数组是指数组中的各元素均为指针类型数据，这样的数组称为指针数组。也就是说，指针数组中的每一个元素存放的都是地址。下面主要介绍一维指针数组的用法。

定义一维指针数组的一般格式为：

```
类型名 * 数组名[数组长度]
```

例如：

```
int * p[4];                    //定义了一个一维指针 p,包含 4 个元素,每个元素为整型指针
```

提示：请注意指针数组与指向一维数组指针格式的差别。

指针数组适用于指向若干个字符串，使字符串处理更加方便灵活，如图 13-10 所示；若将它们存放在一个二维字符数组中，会因为字符串长短不一，造成较大浪费（需用最长

的字符串长度来定义数组的列)，如图 13-11 所示。

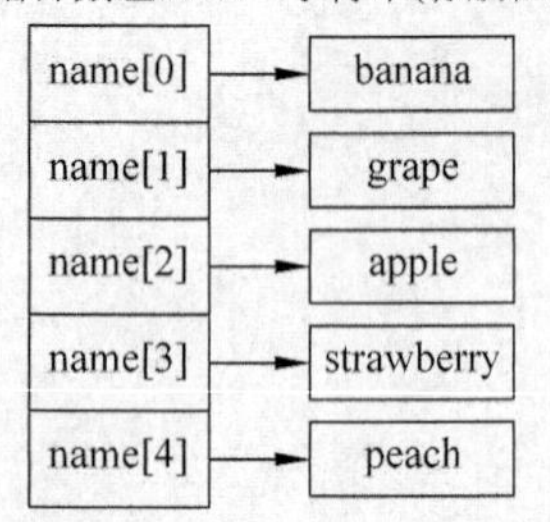

图 13-10 一维指针数组指向字符串

二维数组存放字符串

b	a	n	a	n	a	\0				
g	r	a	p	e	\0					
a	p	p	l	e	\0					
s	t	r	a	w	b	e	r	r	y	\0
p	e	a	c	h	\0					

图 13-11 一维字符数组存放字符串

【例 13-8】 将若干个字符串按字母顺序(由小到大)输出。

编程思路：

(1) 定义一个指针数组 name，用一些水果名称对它进行初始化。

(2) 用选择法排序，但不是移动字符串，而是改变指针数组的各元素的指向。

程序代码如下：

```
#include<stdio.h>
#include<string.h>
int main()
{
    void sort(char * name[ ],int n);                    //排序函数声明
    void print(char * name[ ],int n);                   //打印函数声明
    char * name[ ]={"banana","grape","apple","strawberry","peach"};
    int n=5;
    sort(name,n);                                       //调用函数
    print(name,n);                                      //调用函数
    printf("\n");
    return 0;
}
void sort(char * name[ ],int n)                         //排序函数定义
{
    char * temp;
    int i,j,k;
    for(i=0;i<n-1;i++)
    {
        k=i;
        for(j=i+1;j<n;j++)
            if(strcmp(name[k],name[j])>0)
                k=j;
        if(k!=i)
        {
            temp=name[i]; name[i]=name[k]; name[k]=temp;
```

```
            }
        }
    }
    void print(char * name[ ],int n)                    //打印函数定义
    {
        int i;
        for(i=0;i<n;i++)
            printf("%s\n",name[i]);
    }
```

程序运行结果如图 13-12 所示。排序后的一维指针数组指向如图 13-13 所示。

图 13-12　例 13-8 程序运行结果

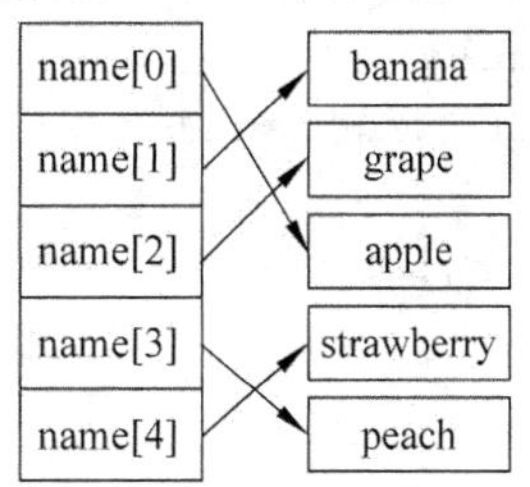

图 13-13　排序后的一维指针数组指向

6. **指向指针数据的指针(即多重指针)**

指针变量也是变量，也需要分配内存空间，拥有自己的地址。这一地址又可以赋给另一个指针变量，则该一个指针变量就成为指向指针的指针，即多重指针。

定义一个指向指针数据的指针变量一般格式为：

类型名 ** 指针变量；

例如，“char **p;”中的 p 指向一个字符指针变量(这个字符指针变量指向一个字符型数据)，如图 13-14 所示。

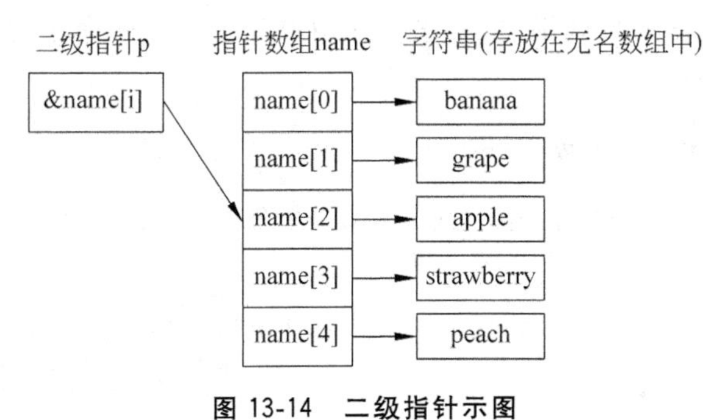

图 13-14　二级指针示图

【例 13-9】 指向指针数据的指针(二级指针)的应用。

编程思路：

(1) 定义一个指针数组 name，用一些水果名称对它进行初始化。

(2) 定义一个指向指针型数据的指针变量(即二级指针)p,使 p 先后指向 name 数组中各元素,输出这些元素所指向的字符串。

程序代码如下:

```
#include<stdio.h>
int main()
{
    char *name[]={"banana","grape","apple","strawberry","peach"};
    char **p;
    int i;
    for(i=0;i<5;i++)
    {
        p=name+i;
        printf("%s\n",*p);
    }
    printf("\n");
    return 0;
}
```

程序运行结果如图 13-15 所示。

7. main 函数的参数

通常情况下,main()不带参数,形式为 int main() 或 int main(void)。

实际上,main 函数也可以有参数。

例如:

```
int main(int argc,char *argv[])
```

其中,argc 和 argv 是 main()函数的形参,它们是程序的"命令行参数";argc 表示参数个数;argv 表示参数列表,为 char * 型指针数组,数组中每一个元素都是字符型指针,指向命令行中的一个字符串。

main 函数是由操作系统调用的,实参只能由操作系统下的命令行给出。

命令行的一般格式为:

命令名 参数 1 参数 2 参数 3 …

例如,sort_strings banana grape apple,argv 数组元素与它们的指向关系如图 13-16 所示。

图 13-15 例 13-9 程序运行结果

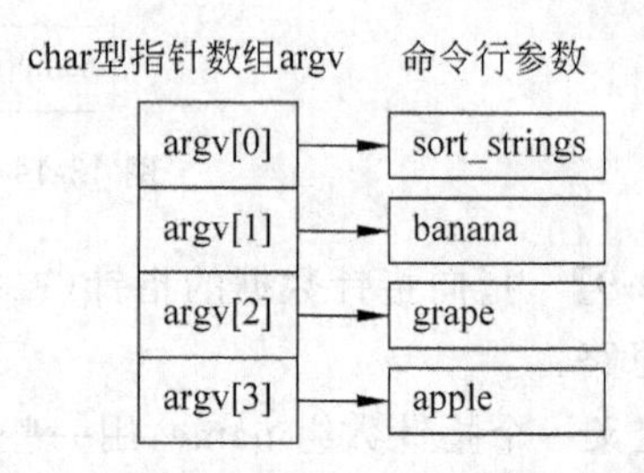

图 13-16 argv 数组元素与命令行数参数的指向关系

8. 有关指针的数据类型的小结

为方便复习指针相关知识，现将有关指针的数据类型进行总结，如表 13-1 所示。

表 13-1 有关指针的数据类型的小结

定 义	含 义
int i;	定义整型变量 i(整型变量)
int * p;	p 为指向整型数据的指针变量(整型指针)
int a[n];	定义整型数组 a，它有 n 个元素(整型数组)
int * p[n];	定义指针数组 p，它由 n 个指向整型数据的指针元素组成(指针数组)
int (* p)[n];	p 为指向含 n 个元素的一维数组的指针变量(数组指针)
int f();	f 为返回整型函数值的函数(返回整型的函数)
int * p();	p 为返回指针的函数，该指针指向整型数据(函数指针)
int (* p)();	p 为指向函数的指针，该函数返回一个整型值(函数指针)
int * *p;	p 是一个二级指针变量，指向一个指向整型数据的指针变量(指针的指针)

13.3 实验内容与步骤

(1)（基础题）分析、运行下列程序，理解二维数组“行指针”、“列指针”的类型，指针加减 1 所移动的字节数，熟悉二维数组元素的间接访问方法，并回答相关问题。

```
#include<stdio.h>
int main()
{
    int a[4][5];
    int i,j;
    for(i=0;i<4;i++)
    {
        for(j=0;j<5;j++)
        {
            a[i][j]=i* 100+j* 10;
            printf("%6d",a[i][j]);
        }
        printf("\n");
    }
    printf("\n");

    printf("二维数组行指针的变化:\n");
    for(i=0;i<4;i++)
```

```
        printf("a+%d的值(地址):%X\n",i,a+i);
    printf("\n");

    printf("二维数组列指针的变化:\n");
    for(j=0;j<5;j++)
        printf("a[1]+%d的值(地址):%X\n",j,a[1]+j);
    for(j=0;j<5;j++)
        printf("*(a+1)+%d的值(地址):%X\n",j,*(a+1)+j);
    printf("\n");

    printf("用两种不同方法显示二维数组下标为的行各元素值:\n");
    for(j=0;j<5;j++)
        printf("%6d",*(a[1]+j));
    printf("\n");
    for(j=0;j<5;j++)
        printf("%6d",*(*(a+1)+j));
    printf("\n\n");

    printf("根据注释,理解下列输出项的类型及值:\n");
    printf("%X,%X\n",a,*a);                      //0行首地址和行列元素地址
    printf("%X,%X\n",a[0],*(a+0));               //0行列元素地址
    printf("%X,%X\n",&a[0],&a[0][0]);            //0行首地址和行列元素地址
    printf("%X,%X\n",a[1],a+1);                  //1行列元素地址和行首地址
    printf("%X,%X\n",&a[1][0],*(a+1)+0);         //1行列元素地址
    printf("%X,%X\n",a[2],*(a+2));               //2行列元素地址
    printf("%X,%X\n",&a[2],a+2);                 //2行首地址
    printf("%d,%d\n",a[1][0],*(*(a+1)+0));       //1行列元素的值
    printf("%d,%d\n",*a[2],*(*(a+2)+0));         //2行列元素的值

    printf("\n\n");
    return 0;
}
```

问题：

① 二维数组a的“行指针”的类型是什么？指针加减1所移动的字节数是多少？列举两个该类型指针的例子。

② 二维数组a的“列指针”的类型是什么？指针加减1所移动的字节数是多少？列举两个该类型指针的例子。

③ 二维数组a的“列指针”与“行指针”有什么联系？a+i与a[i]、*(a+i)、&a[i]有什么关系？

④ 列出a[i][j]地址的4种写法。

(2)(基础题)以下程序的功能是：在主函数中定义一个int型4行5列的数组并初

始化，然后调用 print_array()、change_values()来输出、修改数组元素的值，请根据题意填写所缺代码，再运行程序，体会数组元素的不同访问方法。程序运行结果如图 13-17 所示。

```
修改前，二维数组各行各列元素：
    0      0      0      0      0
    0      0      0      0      0
    0      0      0      0      0
    0      0      0      0      0

修改后，二维数组各行各列元素：
   55     20     67     66     81
   69     13     59     41     68
    7     49     56     35     16
   20     45     86     15     34
```

图 13-17　程序运行结果(1)

```
#include<stdio.h>
#include<stdlib.h>
#include<time.h>
int main()
{
    int a[4][5]={0};
    void change_values(int *p,int n);
    void print_array(int (*p)[5],int m);

    printf("修改前，二维数组各行各列元素：\n");
    _______①_______
    _______②_______                     //调用 change_values 函数修改数组元素的值
    printf("修改后，二维数组各行各列元素：\n");
    _______③_______

    return 0;
}
//函数 change_values 功能：生成 1~100 之间的随机整数修改数组各元素的值
//形参：p 是数组的首地址，n 是数组元素个数
void change_values(int *p,int n)
{
    srand(time(0));
    ⋮                                   //代码段 1
}

//函数 print_array 功能：输出二维数组各行各列元素的值
//形参：p 是数组的首行地址，m 是数组的行数（列数为 5，以下不再重复）
void print_array(int (*p)[5],int m)
{
    int i,j;
    ⋮                                   //代码段 2

    printf("\n");
}
```

(3)(基础题)自己编写一个类似于 strcat()的字符串连接函数，并在主函数中调用，输出连接后的内容。补充程序所缺代码，使程序运行输出结果如图 13-18 所示。

```
连接后的字符串：How are you? Fine, thank you.
```

图 13-18　程序运行结果(2)

```
#include<stdio.h>
int main()
{
    char str[100]="How are you? ";
    char * p="Fine,thank you.";
    ________①________;                            //声明 my_strcat 函数
    ________②________;                            //调用 my_strcat 函数

    printf("连接后的字符串：%s\n\n",str);
    return 0;
}
//函数功能：将第二个字符串内容连接到第一个字符串后面
void my_strcat(char * str1,char * str2)
{
    ⋮                                             //程序代码段
}
```

(4)（基础题）函数指针的应用：sin(x)、cos(x)、tan(x)都是三角函数，形参、函数返回结果都是 double 类型，它们的声明、定义已包含在 math.h 中。请编写编程实现：根据输入的整数(1、2、3)分别调用 sin(x)、cos(x)、tan(x)，x 的值也需要输入，请补充程序所缺代码。

```
#include<stdio.h>
#include<math.h>
int main()
{
    int n;
    double x;
    printf("请输入整数 1,2,3(分别调用 sin(x)、cons(x)、tan(x))：");
    scanf("%d",&n);
    printf("请输入 x 的值：");
    scanf("%lf",&x);
    ________①________                             //定义指向函数的指针变量；
    void fun(double (* p)(double z),double x,int n);   //函数声明
    ________②________                             //调用 fun 函数
    return 0;
}
/* 函数功能：根据 n 的值(1,2,3)分别调用 sin(x)、cons(x)、tan(x),并输出结果；n 为其他值
  时,提示"输入的数据有误,不能调用任何函数!" */
void fun(double (* p)(double z),double x,int n)
{
    ⋮                                             //函数的实现代码
}
```

(5)（基础题）指针数组的应用：某学院现有 9 系 2 部，建立一个 char 型指针数组指向这些单位名称，之后用冒泡排序法排序，并输出排序后的单位名称，如图 13-19 所示。

```
电子系
管理系
国际经贸系
基础部
计算机系
软件工程系
数码媒体系
思政部
外语系
网络技术系
游戏系
```

图 13-19 程序运行结果

补充程序所缺代码：

```
#include<stdio.h>
#include<string.h>
int main()
{
    void bubble_sort(char * name[ ],int n);            //函数声明，下同
    void print(char * name[ ],int n);
    char * dept[ ]={"管理系","国际经贸系","计算机系","电子系","数码媒体系","外语
系","软件工程系","网络技术系","游戏系","基础部","思政部"};
    ________①________;                                  //调用冒泡排序函数
    ________②________;                                  //调用输出多个字符串函数
    printf("\n");
    return 0;
}

void bubble_sort(char * name[ ],int n)                 //冒泡排序函数
{
                                                       //程序代码段 1
}

void print(char * name[ ],int n)                       //输出多个字符串函数
{
                                                       //程序代码段 2
}
```

(6)（提高题）有 n 个人围成一圈，顺序排号从第 1 个人开始报数(从 1～3 报数)凡报到 3 的人退出圈子，最后留下的是原来第几号？要求：利用指针编程实现。

分析：定义一维数组 a，数组元素的值为尚在圈内的人员编号，即 a[i]!=0 表示编号为 i+1 的人员尚在圈内，当某人出圈后，将 a[i]置为 0。根据题目要求，可以设定若 n 个人参加游戏则在此游戏过程中需要有 n－1 个人出圈。

利用指针 p 对数组内的数据扫描分析，若 * p!=0，说明此人尚在圈内，则报数器 count 开始计数，若报数后 count 的值为 3，则此人应出圈，即 * p=0，同时，count 重置为 0，此时出圈人数 m 增 1。当 p 指向的数组内的最后一个元素报数结束后，应将 p 重新指向数组首元素，即 p=a，以实现“n 个人围成一圈的效果”。

重复上述过程，直至出圈人数 m=n－1 为止。此时数组 a 中剩下的非零元素值即表示圈中剩余人员的编号。

假设如今有 7 个人参加游戏(n=7)，要求最后圈内只剩下一人，则游戏过程如表 13-2 所示。

表 13-2 游戏过程

(1)	编号:	1	2	3	4	5	6	7
		1	2	0	4	5	0	7
		1	0	0	4	5	0	0
(2)	报数:	1	0	0	4	0	0	0
		1	0	0	4	0	0	0
		0	0	0	4	0	0	0

① 人员编号：用 int 数组 a 存放 n 个人的编号，即初始时 a[0]～a[n－1]分别存放编号 1～n。在报数过程中，若编号为 i(1⩽i⩽n)的人出圈，则对应数字元素 a[i－1]的值置为 0。

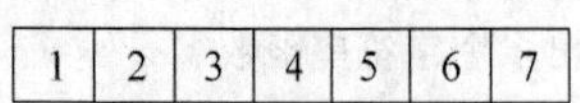

图 13-20 数组初始状态

数组 a 的初始状态如图 13-20 所示。

② 报数过程：利用整型指针 p 从 a[0]开始扫描每一个元素，＊p 表示当前正在报数的人员编号，重复执行下面步骤，直到圈内只剩余一人为止，设 m 表示出圈人数，则题目要求当 m＝n－1 时游戏结束。

a. 尚在圈内的人报数，即＊p!＝0 时，报数器 count＋1。

b. 若报数器 count＝＝3，则＊p 出圈：

• 将＊p 置为 0，代表此人已出圈；

• 出圈人数 m＋1；

• 重新开始报数，即 count 重置为 0。

c. 将指针 p 向后移动，指向下一个人，即 p＋＋；

d. 若数组内最后一个人已报数结束，即此时 p＝＝a＋n，则应令 p 重新指向数组的开头，即 p＝a，以达到"围成一圈"的效果。

③ 圈内剩余人员编号：利用整型指针 p 从 a[0]开始扫描每一个元素，若＊p 不为 0，则此编号即为最后圈内剩下的人员编号。

实验14 指 针 (3)

14.1 实验目的

(1) 理解内存动态分配的含义,熟悉动态内存申请、释放的相关函数的用法,掌握动态数组创建的方法。

(2) 理解结构体指针的概念,掌握使用结构体指针访问成员的简便书写方法,掌握结构体指针指向数组和作为函数参数的基本用法。

(3) 理解链表的概念,熟悉静态链表、动态链表建立的方法,并能输出链表内容。

14.2 知识要点

1. 动态内存分配

1) 什么是内存的动态分配

内存分配有三种方式:

(1) 在静态存储区内分配:在程序编译时已分配好内存,所占内存单元在程序的整个运行期间都存在,如全局变量、static变量。

(2) 在栈(stack)上创建:在执行函数时,函数内局部变量的存储单元都可以在栈上创建,函数执行结束时这些存储单元自动释放。栈内存分配运算内置于处理器的指令集中,效率很高,但分配的内存容量有限。

(3) 从堆(heap)上分配:亦称动态内存分配(allocation)。在程序运行时申请内存空间,用完后程序员自己负责释放内存空间,具有“需要时随时开辟,不需要时随时释放”的特点。

动态内存分配的必要性:例如,以前定义数组时,必须用常量指定数组元素的多少,“只能多不能少”,因此不可避免地造成资源浪费。现在,使用动态存储分配方式能在程序运行中,根据实际需要指定数组大小,这种“量体裁衣”的做法,能有效地利用内存。

2) 动态内存分配的方法

在C语言中,对内存的动态分配是通过系统提供的库函数来实现的,主要有malloc()、calloc()、free()、realloc()四个函数。这些函数的声明都包含在stdlib.h头文件中,在使用这些函数时,应当在程序头部加上#include <stdlib.h> 指令。

(1) malloc()：内存分配(memory allocation)函数。

函数原型：void * malloc(unsigned int size)。

函数功能：在堆中分配指定大小的内存空间。

函数返回值：所分配区域的第一个字节的地址，是指针类型。指针的基类型为 void，即不指向任何类型的数据，只提供一个地址；如果此函数未能成功地执行(例如内存空间不足，不能分配内存空间)，则返回空指针(NULL)。

例如，"p1= malloc(100);"开辟 100 字节的临时分配域，函数值为其第 1 个字节的地址。

(2) calloc()：连续内存分配(catiguous allocation)函数。

函数原型：void * calloc(unsigned n，unsigned size)。

函数功能：在内存的动态存储区中分配 n 个长度为 size 的连续空间，这个空间一般比较大，可用来保存一个数组。

函数返回值：所分配区域的第一个字节的地址，类型为 void *；分配失败则返回空指针(NULL)。

利用 calloc 函数可以为一维数组开辟动态存储空间，若 n 为数组元素个数，每个元素长度为 size，这就是动态数组。

例如，"p2=calloc(50,4);"开辟 4×50 字节的临时分配域，把起始地址赋给指针变量 p2。

(3) free()：释放已分配的内存空间函数。

函数原型：void free(void *p)。

函数功能：释放指针变量 p 所指向的动态空间，使这部分空间能重新被其他变量使用。p 应是最近一次调用 calloc 或 malloc 函数时得到的函数返回值。

此函数无返回值。

例如，"free(p);"释放指针变量 p 所指向的已分配的内存空间。

(4) realloc()：重新分配内存(re-allocation)函数。

函数原型：void * realloc(void * p，unsigned int size)。

函数功能：如果已经通过 malloc 函数或 calloc 函数获得了动态空间，想改变其大小，可以用 recalloc 函数重新分配，该函数将 p 所指向的动态空间的大小改变为 size，p 的值不变。如果重新分配不成功，返回 NULL。

例如，"realloc(p,50);"将 p 所指向的已分配的动态空间改为 50 字节。

3) void *类型

void* 类型是空指针类型，即不指向确定类型的数据，只是一个纯地址，将它赋给一个具体类型的指针变量时，需要进行强制类型转换或自动转换(编译系统自动完成)。例如：

```
int *pa=malloc(4);                                    //自动转换
int *pb=(int *)malloc(4);                             //强制转换
```

【例 14-1】 建立动态数组，输入 5 个学生的成绩，另外用一个函数检查其中有无低于

60 分的，并输出不合格的成绩。

编程思路：

(1) 用 malloc 函数开辟一个动态自由区域，用来存放 5 个学生的成绩，会得到这个动态域第一个字节的地址(void *类型)，先将它转换成对应类型的指针，再赋给指针变量。

(2) 定义一个参数为指针变量的函数来输出不及格的成绩。

程序代码如下：

```
#include<stdio.h>
#include<stdlib.h>
int main()
{
    void check(int *pt,int n);                    //函数声明
    int *p,i;
    //开辟动态存储区,先将地址转换成 int *型,然后放在 p 中
    p=(int *)malloc(5*sizeof(int));
    printf("请转入 5 名学生的成绩:\n");
    for(i=0;i<5;i++)
        scanf("%d",p+i);                          //输入 5 名学生的成绩
    check(p,5);                                   //调用 check 函数
    free(p);                                      //释放所分配内存空间
    return 0;
}
void check(int *pt,int n)                         //定义 check 函数,形参是 int* 指针
{
    int i;
    printf("不及格的成绩有: ");
    for(i=0;i<n;i++)
        if (pt[i]<60)
            printf("%d ",pt[i]);                  //输出不合格的成绩
    printf("\n\n");
}
```

```
请转入5名学生的成绩:
67 89 34 90 55
不及格的成绩有: 34 55
```

图 14-1　例 14-1 程序运行结果

程序运行结果如图 14-1 所示。

问题：

(1) 上述程序是如何申请、释放堆空间的？

(2) 能否将实参也命名为 pt？它与形参 pt 是同一变量吗？

2. 结构体指针

1) 什么是结构体指针

结构体指针就是指向结构体变量的指针，即是一个结构体变量的起始地址。

指针变量既可以指向一个结构体变量，也可以指向结构体变量中的成员，当然它们的"基类型"是不同的，前者是结构体类型；后者可能是基本数据类型或自定义类型，在使用时应加以区分。

有了结构体指针，就可以利用指针直接访问结构体成员，具体有两种形式：

(1) 用“*”方式访问，格式为：

```
(*结构体变量名).结构体成员名
```

(2) 用指针运算符“->”方式访问，格式为：

```
结构体变量名->结构体成员名
```

以上两种形式效果完全相同，只是格式(2)更加简洁，大多数人更喜欢使用这种形式。

【例 14-2】 通过指向结构体变量的指针变量来输出结构体变量中各成员的数据。

编程思路：

(1) 定义一个结构体。

(2) 对结构体变量成员赋值。

(3) 通过指向结构体变量的指针来访问结构体变量中各成员。

程序代码如下：

```
#include<stdio.h>
#include<string.h>
int main()
{
    struct student                                          //定义结构体
    {
        long num;
        char name[20];
        char sex;
        float score;
    };
    struct student stu_1;                                   //定义结构体变量
    stu_1.num=10101;                                        //对结构体变量的成员赋值
strcpy(stu_1.name,"Li Lin");
stu_1.sex='M';
stu_1.score=89.5f;

struct student *p;                                          //定义结构体变量指针
p=&stu_1;                                                   //p指向stu_1

//用结构体变量输出结果
printf("用结构体变量输出:\n");
printf("%ld,%s,%c,%5.1f\n",stu_1.num,stu_1.name,stu_1.sex,stu_1.score);

//用结构体指针输出结果(两种形式)
printf("\n用结构体指针输出(\"*\"方式):\n");
printf("%ld,%s,%c,%5.1f\n",(*p).num,(*p).name,(*p).sex,(*p).score);
printf("\n用结构体指针输出(\"->\"方式):\n");
```

```
printf("%ld,%s,%c,%5.1f\n\n",p->num,p->name,p->sex,p->score);

return 0;
}
```

程序运行结果如图 14-2 所示。

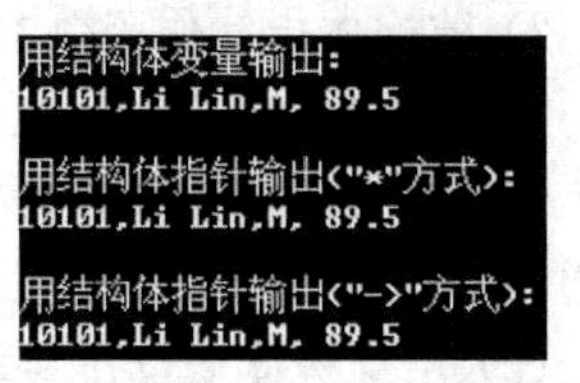

图 14-2　例 14-2 程序运行结果

可以看出，使用结构体变量与结构体指针输出的结果完全相同；采用结构体指针时，使用指针运算符“—>”形式上更简单。

【例 14-3】 有几名学生的信息，放在结构体数组中，要求用结构体指针来输出全部学生的信息。

这是例 14-2 的拓展，使用结构体数组来存放多名学生数据，定义结构体指针来指向数组各元素。

编程思路：

（1）声明一个结构体，定义结构体数组并初始化。

（2）定义结构体指针，并指向数组首地址。

（3）使用循环结构逐一移动指针指向数组各元素，再输出指向元素的各成员信息。

程序代码如下：

```
#include<stdio.h>
struct student
{
    int num;
    char name[20];
    char sex;
    int age;
};
//定义结构体数组并初始化
struct student stu[3]={{10101,"Li Lin",'M',18},{10102,"Zhang Fun",'M',19},
{10104,"Wang Min",'F',20}};
int main()
{
    struct student *p;                    //定义指向 struct student 结构体的数组
    printf(" No. Name       sex age\n");
    for (p=stu;p<stu+3;p++)
        printf("%5d %-20s %2c %4d\n",p->num,p->name,p->sex,p->age);
    printf("\n");
    return 0;
}
```

```
No.   Name                 sex  age
10101 Li Lin                 M   18
10102 Zhang Fun              M   19
10104 Wang Min               F   20
```

图 14-3　例 14-3 程序运行结果

程序运行结果如图 14-3 所示。

通过以上两个例子可以知道，结构体指针的使用并不难，有了结构体指针，访问其各成员值也很容易。

问题： 例 14-3 的结构体定义与例 14-2 的定义在作

用域有什么不同?

2) 结构体指针作函数参数

将一个结构体变量的值传递给另一个函数,有三种不同处理方式:

(1) 用结构体变量的成员作参数:这种用法和用普通变量作参数是一样的,属于“值传递”方式,调用函数时应注意实参与形参的类型保持一致。

(2) 用结构体变量作参数:函数调用时,将实参结构体变量所占内存单元的内容全部按顺序传递给形参,形参也必须是同类型的结构体变量,在函数调用期间形参也要占用内存单元,结束时释放形参单元。这种方法在空间和时间上开销较大,在被调用函数期间改变形参的值,不会对实参造成影响。因此,这种方法较少使用。

(3) 用指向结构体指针作参数:函数调用时将结构体变量的地址传递给形参,效率高,且在函数中对形参指针所指变量内容的修改会影响到实参指向的变量,编程时大量使用。

【例 14-4】 学生信息(学号、姓名和三门课程的成绩)用结构体来保存;几名学生的信息存放在结构体数组中,要求输出平均成绩最高的学生的信息和他的平均成绩。

编程思路:用结构体指针作函数参数,采用结构化的思想来编程,具体步骤如下。

(1) 声明一个结构体,定义结构体数组用于存放学生信息。

(2) 定义 input()、max()、print()三个函数分别实现输入、找出平均分最大的学生对应的指针、输出功能,形参、返回值尽可能为结构体指针,提高程序效率。

(3) main 函数定义结构体数据,并声明、调用这三个函数。

程序代码如下:

```
#include<stdio.h>
struct student                                          //建立结构体类型
{
    int num;                                            //学号
    char name[20];                                      //姓名
    float score[3];                                     //三门课程的成绩
    float aver;                                         //平均成绩
};

int main()
{
    void input(struct student *pstu,int n);            //函数声明,下同
    struct student *max(struct student *pstu,int n);
    void print(struct student *pstu);
    struct student stu[3],*p=stu;                       //定义结构体数组和指针

    input(p,3);                                         //调用 input 函数
    print(max(p,3));                      //调用 print 函数,以 max 函数的返回值作为实参

    printf("\n");
```

```
    return 0;
}
void input(struct student * pstu,int n)                  //定义 input 函数
{
    struct student * pt=pstu;
    printf("请输入%d 名学生的信息:学号、姓名、三门课程的成绩:\n",n);
    for(;pt<pstu+n;pt++)
    {
        //输入数据
    scanf("%d %s %f %f %f",&pt->num,pt->name,&pt->score[0],&pt->score[1],&pt->
score[2]);
        pt->aver=(pt->score[0]+pt->score[1]+pt->score[2])/3.0;  //求各平均成绩
    }
}

struct student * max(struct student * pstu,int n)      //定义 max 函数
{
    struct student * p_max=pstu, * pt=pstu+1;
    for(;pt<pstu+n;pt++)
        if (pt->aver >p_max->aver)
            p_max=pt;                        //找出平均成绩最高的学生对应的结构体指针
    return p_max;
}

void print(struct student * pstu)                        //定义 print 函数
{
    printf("\n 成绩最高的学生是:\n");
    printf("学号:%d\n 姓名:%s\n 三门课程的成绩:%5.1f,%5.1f,%5.1f\n 平均成绩:%6.2f\
n",pstu->num,pstu->name,pstu->score[0],pstu->score[1],pstu->score[2],pstu->
aver);
}
```

```
请输入3名学生的信息：学号、姓名、三门课程的成绩：
10001 张三 78 89 90
10002 李四 98 94 92
10003 王五 67 74 45

成绩最高的学生是：
学号:10002
姓名:李四
三门课程的成绩: 98.0, 94.0, 92.0
平均成绩: 94.67
```

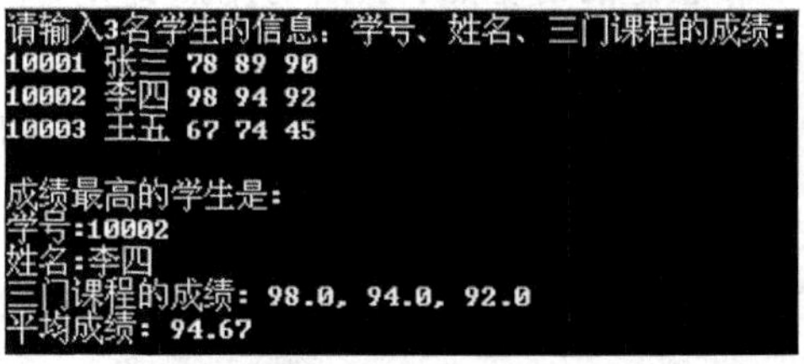

图 14-4 例 14-4 程序运行结果

程序运行结果如图 14-4 所示。

提示：由于运算符—>的优先级高于运算符 &，所以 &(pt—>num)可以省略圆括号写成 &pt—>num，其余表达式采用同样处理方法。

3. 用指针处理链表

1）什么是链表

当存储大批量数据时，可以考虑用数组，但是数组必须存放在连续的内存空间中，且事先需要定义固定的数组长度(即元素个数)，若数组的长度不确定，则必须把数组长度定义得足够大，即“宁大勿小”，这样势必浪费内存资源。

解决上述问题的有效办法是：采取链表方式，根据需要动态申请内存空间。

链表是一种常见的、重要的基础数据结构，它不像数组那样顺序存储数据，而是由若干个同一结构体类型的“结点(node)”依次串接而成，即每一个结点保存着下一个结点的地址(指针)。链表的组成如图 14-5 所示。

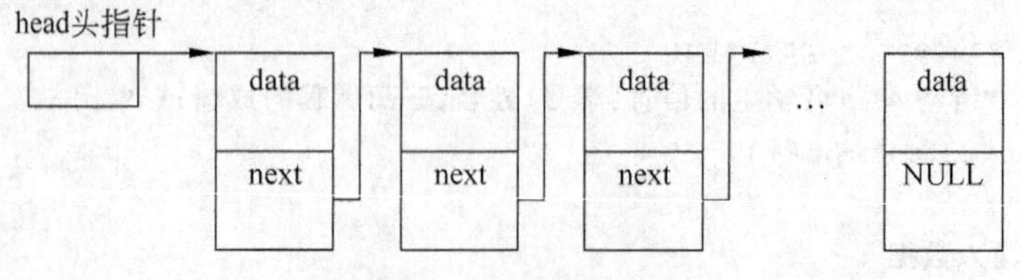

图 14-5 链表的组成

链表中的结点包括两部分：数据域和指针域。数据域用来存放数据，可包含多个成员；指针域用来存放下一个结点的地址。最后一个结点称为尾结点，尾结点指针域的内容为 NULL，表示其后无结点。链表中的结点地址可以不连续，有利于有效使用内存空间。

对于单链表来说，通常有一个头指针(head)，它指向链表第一个结点(称为头结点)的首地址。通过头指针可以访问链表中的各元素。

通常，使用嵌套结构来定义单向链表结点的数据类型。

例如：

```
struct student
{
    int num;
    float score;
    struct student * next;
};
```

结构体 student 的成员 next 是该结构体类型的指针，C 语言允许该类型的指针作为其成员，但不允许结构体类型的嵌套定义(即该结构体类型的数据作为其成员)。

2) 建立简单的静态链表

静态链表的特点：其所有结点都是在程序中定义生成，不需要临时开辟，用完后也不能立即释放。

【例 14-5】 建立一个如图 14-6 所示的简单链表，它由三个学生数据的结点组成，要求输出各结点中的数据。

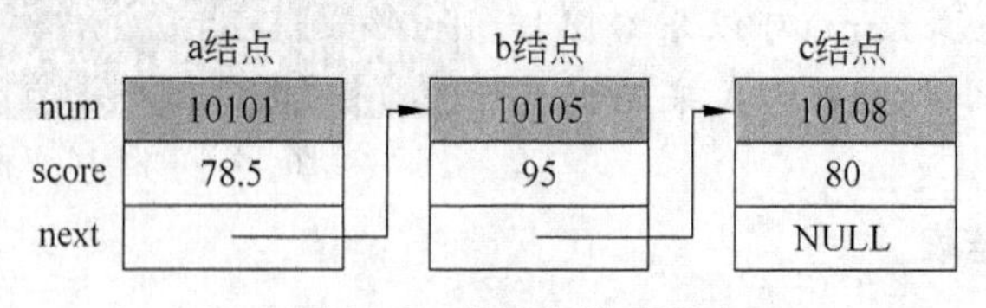

图 14-6 单链表的示图

编程思路：

(1) 声明结构体 student 类型。

(2) 定义三个该结构体变量作为链表的结点，并对各结点的数据域成员进行赋值。

（3）将第一个结点的地址放入头指针中，以后各结点地址放入前一结点的指针域中，尾结点的指针域设为 NULL，表示无后续结点。

（4）通过指向结点的指针可访问该结点的数据域，再执行“p＝p－＞next;”语句使 p 指向下一结点，再访问下一结点内容，如此反复进行，则可以访问所有结点数据。

程序代码如下：

```
#include<stdio.h>
struct student                          //声明结构体类型 struct student
{
    int num;
    float score;
    struct student * next;
};
int main()
{
    //定义个结构体变量作为链表的结点
    struct student a,b,c,* head,* p;

    a.num=10101;                        //对结点 b 的 num 和 score 成员赋值
    a.score=78.5;
    b.num=10105;                        //对结点 b 的 num 和 score 成员赋值
    b.score=95;
    c.num=10108;                        //对结点 c 的 num 和 score 成员赋值
    c.score=80;
        head=&a;                        //将结点 a 的起始地址赋给头指针 head
    a.next=&b;                          //将结点 b 的起始地址赋给 a 结点的 next 成员
    b.next=&c;                          //将结点 c 的起始地址赋给 a 结点的 next 成员
    c.next=NULL;                        //c 结点的 next 成员不存放其他结点地址
    p=head;                             //使 p 指向 a 结点
    do
    {                                   //输出 p 指向的结点的数据
        printf("%ld %5.1f\n",p->num,p->score);
        p=p->next;                      //使 p 指向下一结点
    }while(p!=NULL);                    //输出完 c 结点后 p 的值为 NULL,循环终止
    printf("\n");
    return 0;
}
```

```
10101  78.5
10105  95.0
10108  80.0
```

图 14-7 例 14-5 程序运行结果

程序运行结果如图 14-7 所示。

3）建立动态链表

动态链表的特点：指在程序执行过程中从无到有地建立起一个链表，即逐个地开辟结点、输入各结点数据，并建立起前后相连的关系。

动态链表的常见操作如下：

(1) 插入结点。

可分为在头结点之前、之后两种情况：

① 在头结点之前插入结点。

基本过程是：先建立一个新结点 t，然后将 t 的指针域设为原先的头结点(即 head 所指结点)，最后将头指针指向新建结点 t，如图 14-8 所示。

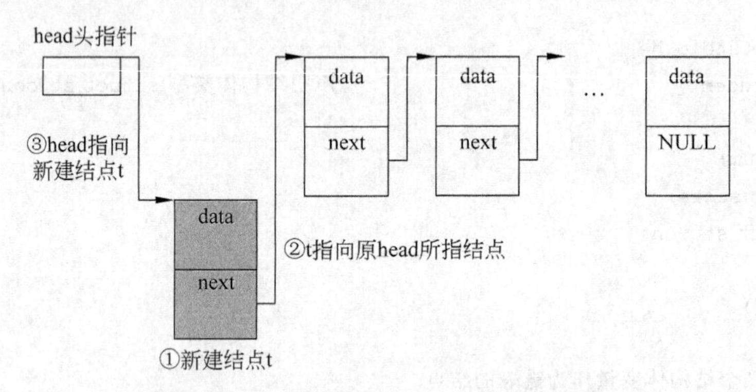

图 14-8 头结点之前插入结点的基本过程

操作语句如下：

```
t=(结点类型 * )malloc(结点长度);
t->next=head;
head=t;
```

② 在头结点之后的某一结点 p 后面插入结点。

基本过程是：先建立一个新结点 t，然后找到正确位置 p，让 t 指向 p 的后一结点，p 指向新增结点 t，如图 14-9 所示。

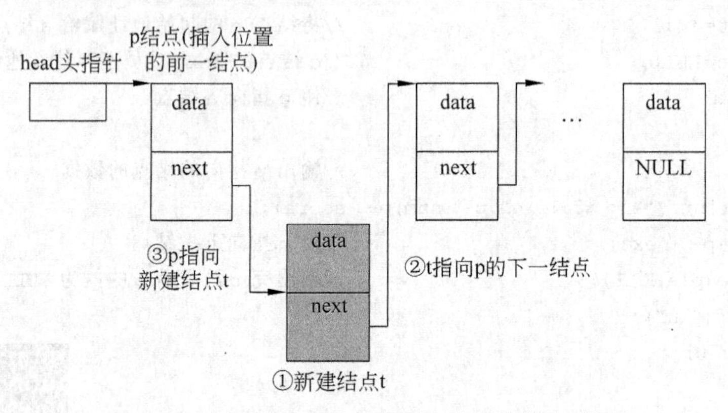

图 14-9 在某一结点 p 之后插入结点的基本过程

操作语句如下：

```
t=(结点类型 * )malloc(结点长度);
t->next=p->next;
p->next=t;
```

（2）删除结点。

可分为删除头结点、中间某一结点两种情况：

① 删除头结点。

基本过程是：先将头结点的地址(即 head)存放到结点类型指针 t 中，然后将 head 指针指向头结点的下一结点(即 head—>next)，再删除原头结点(即 t 所指针结点)，如图 14-10 所示。

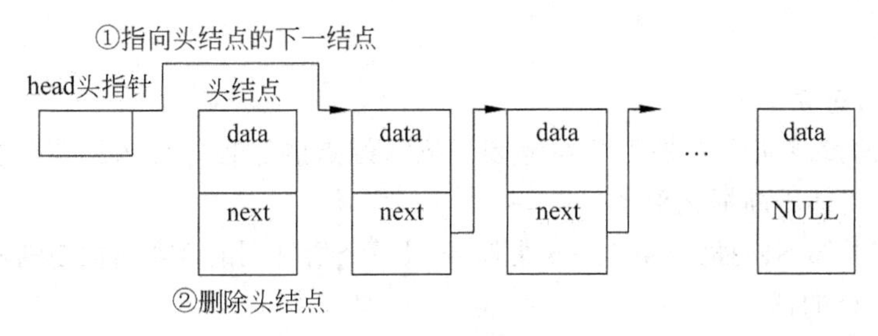

图 14-10　删除头结点的基本过程

操作语句如下：

```
t=head;
head=head->next;
free(t);
```

② 删除某一结点 p 的后一结点。

基本过程是：先将被删除结点的地址(即 p—>next)存放到结点类型指针 t 中，然后将 p 指向被删除结点的下一结点(即 t—>next)，再删除 t 所指针结点，如图 14-11 所示。

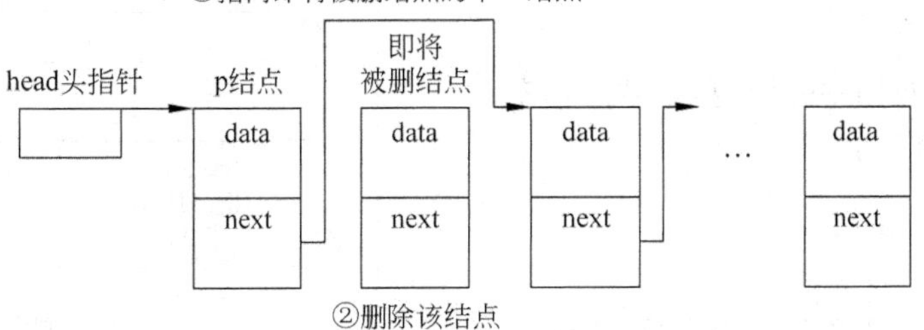

图 14-11　删除中间某一结点的基本过程

操作语句如下：

```
t=p->next;
p->next=t->next;
free(t);
```

（3）链表的遍历。

链表的遍历是指逐一查看链表中的每个结点并进行处理，这是基础的链表程序设计方法，操作代码如下：

```
p=head;
while(p!=NULL)
{
    ⋮
    //对 p 所指向结点的信息进行处理
    ⋮
    p=p->next;
}
```

(4) 链表的建立。

建立链表的过程实际上是不断在链表中插入结点的过程。插入结点的方式有两种：

① 在链表头部不断插入结点。

② 在链表尾部不断插入结点。通常需要用一个指针(如 p)来指向链表的最后一个结点,以方便新结点的插入。

【例 14-6】 写一程序建立一个由多名学生数据构成的单向动态链表(当输入学号为 0 时,结束链表结点的输入),从尾部插入新结点。建立链表、遍历链表分别用函数来实现。

编程思路:

(1) 声明结构体 student 类型。

(2) create 函数用来生成链表:定义 head,p1 和 p2 三个指针变量,它们都是用来指向 struct student 类型数据。其中,head 是头结点,p1 指向新开辟的结点,p2 指向链表中的尾结点;p1 增加到链表的操作"p2->next=p1; p2=p1;"(为下一结点的增加作准备),程序 N-S 图如图 14-12 所示。

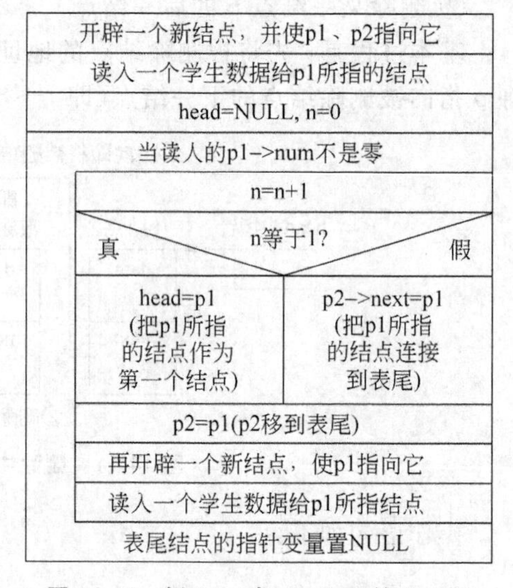

图 14-12 例 14-6 中 create()的 N-S 图

(3) list 函数用来遍历、显示结点信息。

程序代码如下:

```
#include<stdio.h>
#include<stdlib.h>
#define LEN sizeof(struct student)
struct student
{
    long num;
    float score;
    struct student *next;
};
int n;
struct student *create()                    //建立链表
{
    struct student *head;
    struct student *p1, *p2;
```

```
    n=0;
    p1=p2=(struct student *)malloc(LEN);
    printf("请输入学号、成绩(用逗号分开,学号为时表示结束): \n");
    scanf("%ld,%f",&p1->num,&p1->score);
    head=NULL;
    while(p1->num!=0)
    {
        n=n+1;
        if(n==1)
            head=p1;
        else
            p2->next=p1;
        p2=p1;
        p1=(struct student *)malloc(LEN);
        scanf("%ld,%f",&p1->num,&p1->score);
    }
    p2->next=NULL;
    return(head);
}

void list(struct student * head)          //遍历显示链表
{
    struct student * p=head;
    printf("\n学号\t成绩\n");
    while(p!=NULL)
    {
        printf("%ld\t%5.1f\n",p->num,p->score);
        p=p->next;
    }
}

int main()
{
    struct student * head;
    head=create();                        //函数返回链表头指针
    list(head);                           //调用函数遍历显示学生信息
    printf("\n");
    return 0;
}
```

程序运行结果如图 14-13 所示。

有关链表的更多内容,将在《数据结构与算法》课程中进一步学习。

```
请输入学号、成绩(用逗号分开,学号为0时表示结束):
12001,89.5
12002,78
12003,67.5
12004,97
0,0

学号    成绩
12001    89.5
12002    78.0
12003    67.5
12004    97.0
```

图 14-13 例 14-6 程序运行结果

14.3 实验内容与步骤

(1)(基础题)分析、运行下列程序,掌握动态数组创建的方法,然后在标识行(即行 1～行 8)中设置断点,按 F5 键启动调试、之后不断按 F5 键继续调试,观察动态数组的创建、赋值、删除等操作,并回答相关问题。

```
#include<stdio.h>
#include<string.h>
#include<stdlib.h>
int main()
{
    char *p_char;
    int *p_int,n,i;
    p_char=(char*)malloc(50);                          //行 1
    strcpy(p_char,"Memory Allocation");                //行 2

    printf("请输入数组元素的个数:");                    //行 3
    scanf("%d",&n);
    p_int=(int*)calloc(n,sizeof(int));                 //行 4
    printf("\n请输入数组元素的值:\n");                  //行 5
    for(i=0;i<n;i++)
        scanf("%d",p_int+i);

    printf("\n字符串内容:%s\n\n",p_char);
    printf("数组元素的值:\n");
    for(i=0;i<n;i++)
        printf("%d ",*(p_int+i));

    free(p_char);                                      //行 6
    free(p_int);                                       //行 7
    printf("\n\n");                                    //行 8
    return 0;
}
```

问题：

① malloc()、calloc()各有什么功能？返回值是什么？为什么要进行强制类型转换？

② 函数 free 的功能是什么？占用的堆空间是否可以不释放？

③ 动态数组有什么优点？

(2)（基础题）编写程序，求任意 n 个随机数(10～99)的最小值和最大值。要求程序中用指针（指向每一个数组元素）对数组 array 进行访问；部分代码如下，请将程序代码补充完整。

分析：

① 动态数组的生成：数组的长度 n 是在程序执行时由用户指定的。程序执行时，用户先根据提示输入要产生的随机数个数 n，然后程序再根据这个 n 值在堆中动态申请一个大小为 n＊sizeof(int)字节的空间。

② 产生随机数：利用随机函数产生 n 个两位(10～99)的随机数（由 rand()产生随机数，范围是 0～32 767，应除 90 得到余数，再加上 10)。

③ 寻找最值：默认数组首元素为最值，然后定义指针变量 p 扫描每一个元素，找出最大值和最小值。程序运行结果如图 14-14 所示。

```
请输入随机数个数：10
随机数为：
64 37 29 60 85 82 33 78 28 42
最大数：85
最小数：28
```

图 14-14　程序运行结果

```
#include<stdio.h>
#include<stdlib.h>
#include<time.h>
int main()
{
    int n,i;
    int *p;
    int max_array,min_array;
    srand(time(0));
    printf("请输入随机数个数：");
    scanf("%d",&n);
    int *array;
    //为 n 个随机整数分配存储空间,array 指向所分配区域第一个字节的地址
    array=____①____;
    //产生 n 个随机数(10～99)分别放在所分配区域中
    for(i=0;i<n;i++)
        *(array+i)=____②____;
    //输出 n 个随机数(10～99)
    printf("随机数为：");
    for(i=0;i<n;i++)
        printf("%d ",____③____);
    //求最大值和最小值
    max_array=min_array=array[0];
    for(p=array;p<array+n;p++)
    {
        if(____④____)max_array=(*p);
```

```
        else if(      ⑤      )min_array=(*p);
    }
    //输出最大值和最小值
    printf("\n最大数: %d\n最小数: %d\n",max_array,min_array);
    return 0;
}
```

(3) (基础题)分析、运行程序,并回答相关问题。

```
#include<stdio.h>
struct tm
{
    int hours;
    int minutes;
    int seconds;
};

int main()
{
    void update(struct tm *t);
    void display (struct tm *t);
    void delay (int n);
    struct tm time;
    time.hours=0;
    time.minutes=0;
    time.seconds=0;
    for(int i=0;i<100;i++)
    {
        update(&time);
        display(&time);
    }
    delay(9000000);
    return 0;
}
void delay(int n)
{
    int t;
    for (t=1;t<n;++t);
}
void update(struct tm *t)
{
    t->seconds++;
    if(t->seconds==60)
    {
        t->seconds=0;
```

```
        t->minutes++;
    }
    if(t->minutes==60)
    {
        t->minutes=0;
        t->hours++;
    }
    if (t->hours==24)
        t->hours=0;
    delay(9000000);
}

void display (struct tm *t)
{
    printf ("%d: ",t->hours);
    printf ("%d: ",t->minutes);
    printf ("%d:\n",t->seconds);
}
```

问题：update()、display()、delay()各实现什么功能？

(4)（基础题）构造一个静态链表，该链表由三个结点构成，结点中的数据部分包括姓名、地址、性别、年龄及某课程成绩相关信息。现要把三个结点的信息输出。输出结果如图 14-15 所示。

```
姓名        地址        性别  年龄  成绩:
wang hong,shang hai ,   0,    18,    96
li ming  ,tian jin  ,   1,    23,    99
chen lin ,bei jing  ,   0,    21,    90
```

图 14-15　程序运行结果

请补充程序所缺代码，并回答相关问题。

```
#include<stdio.h>
int main()
{
    struct person
    {
    char name[20];
    char address[30];
    int num[_____①_____];
    struct person * _____②_____;
    };
    struct person a={"wang hong","shang hai",{0,18,96}};
    /* 0表示女性,18表示年龄,96表示某课程的成绩 */
```

```
    struct person b={"li ming","tian jin ",{1,23,99}};
    struct person c={"chen lin","bei jing",{0,21,90}};
    struct person *p;
    a.next=&b;
    b.next=&c;
    c.next=____③____;
    for(p=&a;p!=NULL; ____④____)
        printf("%s,%s,%d,%d,%d\n",p->name,p->address,p->____⑤____,
        p->____⑥____,p->____⑦____);
    printf("\n");
    return 0;
}
```

问题：

① 链表中结点由哪两部分组成？

② 链表中结点的指针域如何赋值？

③ 怎样访问链表中的各结点？

(5)(提高题)分析、运行下列程序，并回答相关问题。

```
#include<stdio.h>
#include<stdlib.h>
int main()
{
    struct Element
    {
        char ch;
        struct Element *next;
    };
    struct Element *base, *p;
    char c;
    base=NULL;
    while((c=getchar())!='#')
    {
        p=(struct Element *)malloc(sizeof(struct Element));
        p->ch=c;
        p->next=base;
        base=p;
    }
    p=base;
    while (p!=NULL)
    {
        printf("%c ",p->ch);
        p=p->next;
```

```
    }
    return 0;
}
```

问题：

① 本程序的功能是什么？

② 若输入的字符序列是“C language＃”，则相应的输出是什么？

③ 请画出该链表的结构图。

实验 15 位运算和预处理指令

15.1 实验目的

(1) 理解位运算的概念,熟悉 6 种基本的位运算及一些位运算的典型用法。

(2) 掌握宏定义的基本用法(不带参数的和带参数的)。

(3) 理解"文件包含"的含义,熟悉其两种基本格式。

(4) 通过查看 stdio.h 文件内容,熟悉几种常用条件编译格式。

15.2 知识要点

1. 位运算

所有的数据在计算机中都是以二进制的形式存储的,位运算就是对二进制位进行的操作。在介绍位运算之前,先复习几个相关概念:

位(bit,b):计算机存储数据的最小单位,一个二进制位可以表示两种状态(0 和 1)。

字节(Byte,B):1 个字节由 8 个二进制位组成。

不同的数据类型占用的字节数不同,占用的二进制位数也不同。例如,char 型数据占 1 个字节,为 8 位;short int 型数据占 2 字节,共 16 位。

提示:用二进制表示一个整数时长度可能比较大,可采用十六进制简便表示。十六进制数以 0x 开头,1 位十六进制数据对应着 4 位二进制数,请熟记十六进制数 0~F 对应的二进制数。

1) 位运算的概念

位运算是指对二进制位进行的运算。它的运算不是以一个数据为单位,而是对组成数据的每个二进制位进行的。每个二进制位只能存放 0 或 1,位运算时各位的结果也只能是 0 或 1。

为了说明的方便,需要对数据的二进制位进行编号,通常把最右边的二进制位称为第 0 位,最左边的二进制位是最高位,例如,short int 型数据中位的编号如图 15-1 所示。

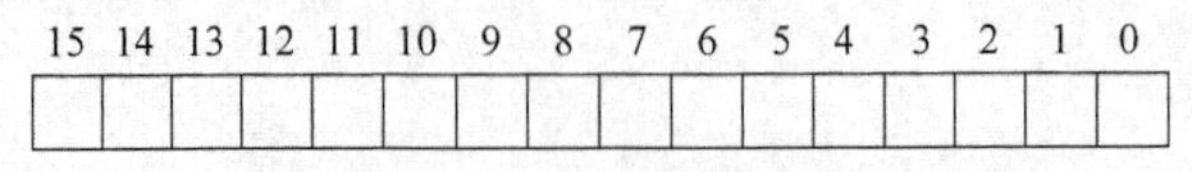

图 15-1 short int 型数据中位的编号

C 语言提供了 6 种基本位运算，对应的运算符分别为 &(按位与)、|(按位或)、^(按位异或)、~(按位取反)、≪(左移)、≫(右移)。

在这 6 种运算符中，除~是单目运算符外，其余都是双目运算符(即运算符两边各有一个操作数)；位运算的操作数只能是整型(包括 int、short int、unsigned int 和 long int)或 char 型数据，不能是浮点型数据。

2) 6 种基本的位运算

(1) "按位与"运算。

运算符：&。

运算规则：如果两个操作数对应二进制位都是 1，则结果的对应位也是 1，否则为 0，即 0 & 0=0，0 & 1=0，1 & 0=0，1 & 1=1。

例如，x=23，y=6，求 x & y=?

先将 x、y 转换成二进制数，再进行"按位与"运算，如图 15-2 所示。

即 x & y=6。

"按位与"运算的一些用途：

① 将数据中的某些位清零。

例如，假若 x 是字符型变量(占 8 个二进制位)，要将 x 的第 2 位设置为 0，可进行如下运算：

x=x & 0xfb 或 x &=0xfb　(因为 $0xfb=(11111011)_2$)

② 取出数据中的某些位，其余为 0。

方法：将该数与另一个数 y 进行 & 运算，y 在这些要保留的位上取 1，其余位为 0。

例如，保留 $x=(00101100)_2$ 的低 4 位。运算式子为：x & 0x0f，如图 15-3 所示。

```
  00010111 (x)
& 00000110 (y)
  ------------
  00000110
```

图 15-2　"按位与"运算示图

```
  00101100 (x)
& 00001111 (y)
  ------------
  00001100
```

图 15-3　"按位与"运算的应用

【例 15-1】 输入一个整数，判断其是奇数还是偶数。

编程思路：这里不使用"除 2 取余"方法，而是采用"按位与"运算。一个整数是否为偶数，也就是将该数转换成二进制数后，看它的最后一位是否为 0：让它与 1 进行"按位与"运算，判断结果是否为 0。"按位与"运算优先级低于关系运算符!=的优先级，因此应加上括号。

程序代码如下：

```
#include "stdio.h"
int main()
{
    int n;
    printf("请输入一个正整数:");
    scanf("%d",&n);
    if((n & 0x01)==0)
```

```
        printf("%d 是偶数\n\n",n);
    else
        printf("%d 是奇数\n\n",n);
    return 0;
}
```

程序运行结果如图15-4所示。

```
请输入一个正整数:17
17 是奇数
```

图15-4 例15-1程序运行结果

(2)"按位或"运算。

运算符:|。

运算规则:如果两个操作数对应位有一个是1,则结果的对应位是1,否则为0,即

0|0=0,0|1=1,1|0=1,1|1=1

例如,x=23,y=6,求x|y=?

先将x、y转换成二进制数,再进行"按位或"运算,如图15-5所示。

即x|y=23。

"按位或"运算通常用于对一个数据(变量)中的某些位设置为1,而其余位不发生变化。例如,将x中的第6位设置为1可进行如下运算:x=x|0x40或x |=0x40(因为0x40=$(01000000)_2$)。

(3)"按位异或"运算。

运算符:^。

运算规则:如果两个操作数对应位不相同,则结果的对应位为1,否则为0,即

0^0 = 0, 0^1 = 1, 1^0 = 1, 1^1 = 0

例如,x=23,y=6,求x^y=?

先将x、y转换成二进制数,再进行"按位异或"运算,如图15-6所示。

```
  00010111 (x)
| 00000110 (y)
--------------
  00010111
```

图15-5 "按位或"运算示图

```
  00010111 (x)
^ 00000110 (y)
--------------
  00010001
```

图15-6 "按位异或"运算示图

即x^y=17。

"按位异或"运算的一些用途:

① 使数据中的某些位取反,即0变1,1变0。

例如,要将x中的第5位取反,可进行如下的运算:

x=x^0x20 或 x^=0x20 (因为0x20=$(00100000)_2$)

② 同一个数据进行"按位异或"运算后,结果为0。

例如,要将x变量清0,可进行如下的运算x=x^x。

③ "按位异或"运算具有如下的性质,即x^0=x,(x^y)^y=x 。

例如,若x=0x17,y=0x06,则x^y=0x11,0x11^y=0x17。

有时利用这些性质可以进行的简单加密、解密和交换数据操作:

例如,"char ch='A';int n=0x05; char ch2=ch^n"的值为'D',ch2^n的结果为'A'。

关键是n可以取许许多多的值,只要发、送双方约定即可。

又如,“int a＝3,b＝4; a＝a^b; b＝b^a; a＝a^b;”这样 a、b 值可以互换。

(4)“按位取反”运算。

运算符：～,是单目运算符。

运算规则：将操作数中各位的值取反,即将 1 变为 0,将 0 变为 1,即

$$\sim 0=1, \quad \sim 1=0$$

例如,x＝23,求～x＝?

先将 x 转换成二进制数,再进行“按位取反”运算,如图 15-7 所示。

即～x＝0xe8。

(5)“左移”运算。

运算符：≪。

运算规则：将操作数中的每个二进制位向左移动若干位,从左边移出去的高位部分被丢弃,右边空出的低位部分补 0。

例如,“int a＝17; a≪2＝68”即 17 扩大了 $2^2=4$ 倍,如图 15-8 所示。

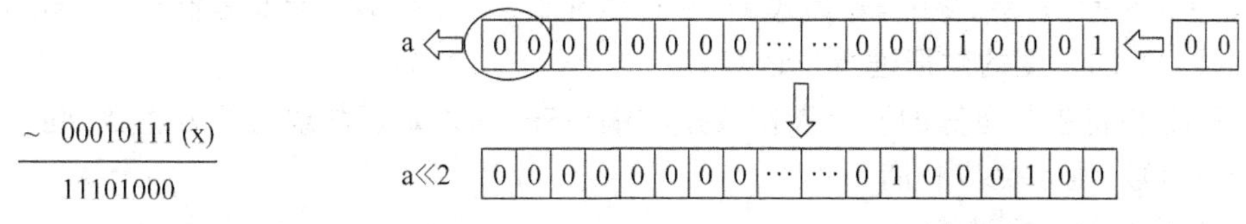

图 15-7　“按位取反”运算示图　　　　图 15-8　“左移”运算示图

(6)“右移”运算

运算符：≫。

运算规则：将运算对象中的每个二进制位向右移动若干位,从右边移出去的低位部分被丢弃：对于无符号数来说,左边空出的高位部分补 0;对于有符号数来说,如果符号位为 0(即正数),则空出的高位部分补 0;否则,空出的高位部分补 0 还是补 1,与所使用的计算机系统有关。

例如,“int a＝17; a≫2＝4”即 17 缩小了 $2^2=4$ 倍,无符号右移如图 15-9 所示。

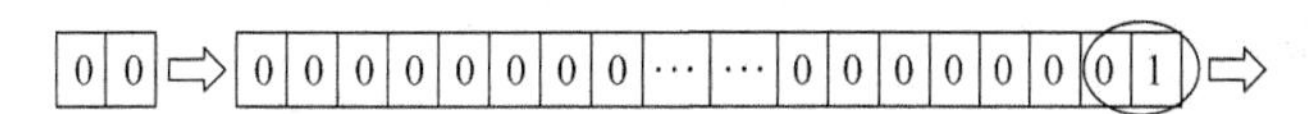

图 15-9　无符号“右移”运算示图

又如,“int a＝17; a≫2＝4”即 17 缩小了 $2^2=4$ 倍,带符号右移如图 15-10 所示。

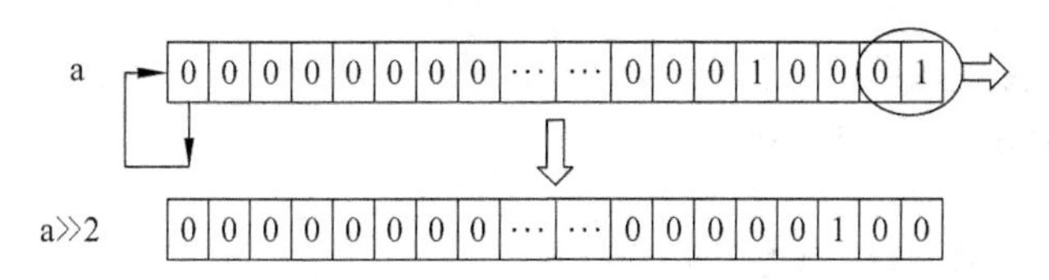

图 15-10　带符号“右移”运算示图

【例 15-2】　输入一个整数,使它扩大 16 倍,不允许用乘法。

编程思路：使用左移 4 位的方法可以实现。

程序代码如下：

```
#include<stdio.h>
int main()
{
    int a;
    printf("input an integer number: ");
    scanf("%d",&a);
    printf("result is %d\n\n",a<<4);
    return 0;
}
```


图 15-11 例 15-2 程序运行结果

程序运行结果如图 15-11 所示。

(7) 位运算赋值运算符。

位运算的 6 种运算符都可以和赋值运算符组合，构成复合赋值运算符。例如，&=、|=、^=、~=、≪=、≫=，表达式 a&=b 等价于 a=a&b，a≪=b 等价于 a=a≪b。

(8) 不同长度的数据进行位运算。

系统会将参与运算的两个操作数按右端对齐，如果是正数或无符号整数，则左侧补满 0；若为负数，则左侧应补满 1。

3) 位运算应用举例

【例 15-3】 输入一个整数，输出其对应的十六进制数、八进制数和二进制数。

编程思路：

(1) 十六进制、八进制可以用格式控制符来控制。

(2) 在 Visual C++ 中，一个整数占用 4 字节，即 32 位，可采用循环方式从高位到低位逐一输出。输出每位数字的方法是：用该整数与一个不断变化的特殊数 test 进行"按位与"运算，根据运算结果是 0 还是非 0 来决定输出 0 或 1。test 是一个无符号、与输出位置有关的数，它对应输出位置的数字为 1、其余位置为 0，其初值为 0x80000000，即最高位为 1、其余位为 0，以后逐位"右移"，不断变化)。

程序代码如下：

```
#include<stdio.h>
int main()
{
    int n,bit,i;
    unsigned int test=0x80000000;
    printf("请输入一个整数:");
    scanf("%d",&n);
    printf("十六进制数形式是: 0x%X\n",n);
    printf("八进制数形式是: 0%o\n",n);
    printf("二进制数形式是:");
    for(i=1;i<=32;i++)
    {
```

```
        bit=((n&test)==0)?0:1;
        printf("%d",bit);
        test>>=1;
    }
    printf("\n\n");
    return 0;
}
```

程序运行结果如图 15-12 所示。

问题：

(1) test 的作用是什么？

(2) 为什么应是无符号整数？

(3) 移位的目的是什么？

【例 15-4】 从一个整数 a 中，把它从右端开始的 4～7 位取出来。

编程思路：

(1) 先使 a 右移 4 位，即 a≫4，也就是将要取出的数字全部移至末尾处，如图 15-13 所示。

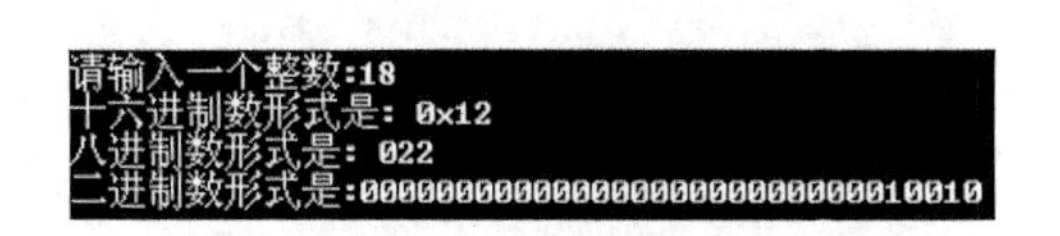

图 15-12　例 15-3 程序运行结果

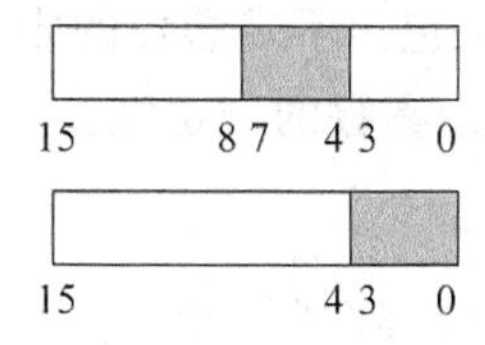

图 15-13　将整数的第 4～7 位移至尾部（即第 0～3 位）示图

(2) 设置一个低 4 位全为 1、其余位全为 0 的数～(～0≪4)。

(3) 将上述两个数进行 & 运算(a≫4)&(～(～0≪4)) 即可。

程序代码如下：

```
#include<stdio.h>
int main()
{
    unsigned a,b,c,d;
    printf("请输入一个整数(十六进制):");
    scanf("%x",&a);
    b=a>>4;
    c=~(~0<<4);
    d=b&c;
    printf("a=0x%x,a=%d\n",a,a);
    printf("取出数 d=0x%x,d=%d\n\n",d,d);
    return 0;
}
```

```
请输入一个整数<十六进制>:1234
a=0x1234,a=4660
取出数d=0x3,d=3
```

图 15-14 例 15-4 程序运行结果

程序运行结果如图 15-14 所示。

2. 什么是预处理

在对程序进行正式编译(包括词法、语法分析、代码生成、优化等)之前,要先对程序中的特殊指令进行预先处理,把它们变成相应的程序代码,这一过程称为"预处理"。

在C语言中,预处理工作由C预处理器(特殊程序)来负责,具体包含如下内容:

(1) 预处理器把程序中的注释全部删除。

(2) 对预处理指令进行处理,如把＃include 指令指定的文件(如 stdio.h)的内容复制到＃include 指令处。

(3) 对＃define 指令,进行指定的字符替换(如符号常量用指定的字符串代替),同时删除预处理指令等。

预处理指令有三种:宏定义、文件包含、条件编译。编写程序时合理使用预处理功能,有助于程序的阅读、修改、移植和调试。

预处理命令均以"＃"打头,末尾不加分号(;),可以出现在程序的任何位置,其作用域是从出现点到所在源程序的末尾。

3. 宏定义

宏定义包括不带参数的宏定义和带参数的宏定义两种类型。

1) 不带参数的宏定义

格式:

```
#define 标识符 字符串
```

例如:

```
#define  PI  3.1415926
```

其功能是用标识符 PI(称为宏名)代替字符串"3.141 592 6"(称为宏体)。

预处理时将程序中所有的宏名用宏体替换,该过程称为"宏展开"。但在程序中用双引号括起来的字符串中,即使有的内容与宏名相同,也不进行宏替换。

说明:

(1) 宏名通常用大写字母表示(变量名一般用小写字母)。

(2) 宏定义遇到换行符时结束,如果宏定义的内容超过一行,可在行末加"\"符。

(3) 使用宏可以提高程序的可读性和可移植性,实现"一改全改"的功能。

(4) 宏展开时仅作简单替换,不进行语法检查。

(5) 宏定义不是C语言语句,行末不加分号(;),每条宏命令要单独占一行。

(6) 宏定义可以嵌套使用。

例如:

```
#define  L  10
#define  W  20
#define  S  L*W
```

可＃undef 已定义宏名 来终止宏定义。

例如：

```
#define G 9.8
int main()
{
    …
}
#undef G          /* 取消 G的定义 */
```

提示：有时会出现只有宏名、无字符串的特例，如“＃define MY_H”，它的作用是说明指定名称的宏已定义过，但对定义的内容不指定。

【例 15-5】 输入半径，计算圆的周长和面积。

编程思路：计算公式的圆周率 PI 采用宏定义来指明其近似值；若要修改其值，也可以在宏定义中一次完成。

程序代码如下：

```
#include<stdio.h>
#define PI 3.1415926                        //PI是宏名,3.1415926用来替换宏名的常数
int main()
{
    float c,s,r;
    printf("Input a radius: ");
    scanf("%f",&r);
    c=2.0*PI*r;                             //引用无参宏求周长
    s=PI*r*r;                               //引用无参宏求面积
    printf("c=%.2f,s=%.2f\n\n",c,s);
    return 0;
}
```

```
Input a radius: 5
c=31.42,s=78.54
```

图 15-15 例 15-5 程序运行结果

程序运行结果如图 15-15 所示。

2）带参数的宏定义

格式：

```
#define  宏名(参数表)  字符串
```

带参数的宏在展开时，不是进行简单的字符串替换，而是进行参数替换。

例如：

```
#define S(a,b) a*b
```

预处理“area＝S(20,30)；”语句时，用 20 去替换 a，用 30 去替换 b，* 号不变，得到 area＝20×30。

说明：(1) 宏定义时，宏名与括号之间没有空格，若有空格则会把空格后的所有字符

都看成是宏体。

(2) 带参数的宏在替换时，不仅宏名被宏体替换，同时形参也被实参替换。

(3) 建议带运算符的宏体和形参要用( )括起来，否则有可能出错。例如，预处理"area=S(10+20,30+40);"语句时，宏展开的结果为 area=10+20 * 30+40，这与意想的 30×70 并不一致，解决办法是给宏定义中的参数加上括号，即定义为

```
#define S(a,b) (a) * (b)
```

这样在宏展开时，就会得到"area=(10+20) * (30+40);"这一点请特别注意。

从表面上看，带参数的宏能实现类似函数的功能。但事实上两者有很大的不同，主要区别如下：

(1) 函数调用时，先求出实参表达式的值，再复制给形参；带参数的宏定义只是进行简单的字符替换。

(2) 函数调用是在程序运行时处理，分配临时的内存单元；而宏展开是在编译时进行的，展开时不分配内存单元。

(3) 对函数的形参和实参都要定义类型，且要求一致；而宏不存在类型问题，宏名无类型，其参数也无类型。

(4) 调用函数只可得到一个返回值，使用宏可以设法得到几个结果。

(5) 函数调用不会使源程序变长，宏展开会增加源程序长度。

(6) 函数调用占用运行时间，宏展开在编译时完成，只占编译时间，不占运行时间。

4. 文件包含

有两种不同的格式：

格式 1：#include<文件名>

格式 2：#include "文件名"

例如：

```
#include<math.h>
#include "rect.h"
```

功能：预处理时，把"文件名"指定的文件内容复制到该位置处，再对合并后的文件进行编译，如图 15-16 所示。

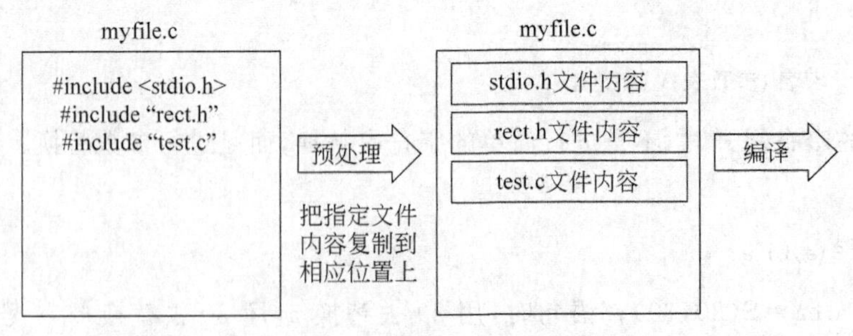

图 15-16 "文件包含"的预处理示图

格式 1 与格式 2 的区别：格式 1 用尖括号指明需包含的文件，仅在存放 C 库函数的

头文件目录中查找指定的文件，这称为标准方式，适合“包含”库文件；而格式 2 用双引号指明需包含的文件，其先在 C 程序所在目录中查找指定的文件，若无，再到存放 C 库函数的头文件的目录查找，适合“包含”用户编写的程序。

说明：

(1) 从理论上说，# include 命令可以包含任何类型的文件，只要这些文件的内容被扩展后符合 C 语言语法。

(2) 通常，# include 命令用于包含扩展名为 h 的“头文件”，如 stdio. h、string. h、math. h。在这些文件中，一般定义了符号常量、宏，或声明函数原型。

(3) 一条 include 命令只能指定一个被包含文件，如果要包含 n 个文件，用 n 个 Include 命令。

【例 15-6】 自定义头文件，提供计算圆的面积与周长的函数。

编程思路：自定义一个名为 my. h 的头文件，把计算圆面积与周长的函数定义其中，并在 test. c 文件中包含该头文件，在 main 函数中进行调用。程序代码如下：

```
//my.h
#define PI 3.1415926
float area(int r){                          //计算圆面积
    return r*r*PI;
}
float circumferencet(int r){                //计算圆周长
    return 2*PI*r;
}
//test.c
#include<stdio.h>
#include "my.h"
void main(){
    double r;
    printf("请输入圆半径：");
    scanf("%lf",&r);
    printf("圆面积：%f\n",area(r));
    printf("圆周长：%f\n\n",circumferencet(r));
}
```

项目文件组成如图 15-17 所示，程序运行结果如图 15-18 所示。

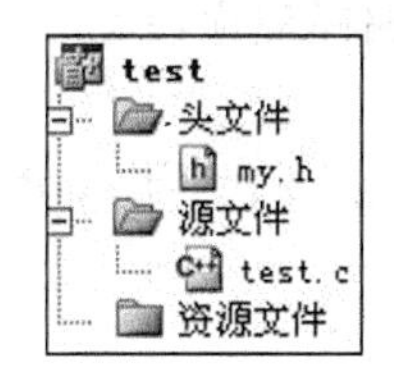

图 15-17　项目文件组成图

图 15-18　例 15-6 程序运行结果

5. 条件编译

一般情况下，源程序中的所有行都参加编译，但特殊情况下可能需要根据不同的条件编译源程序中的不同部分,也就是说对源程序的一部分内容给定相应的编译条件。这种方式称作"条件编译"。

采用条件编译的好处是:可以减少被编译的语句,从而减少目标程序的长度,缩短运行时间。

条件编译的几种常见形式:

(1) 形式1。

```
#ifdef  标识符
    程序段 1
#else
    程序段 2
#endif
```

功能:当所指定的标识符已经被#define命令定义过时,则在程序编译阶段只编译程序段1,否则编译程序段2。

说明:#else部分可以省略。

(2) 形式2。

```
#ifndef  标识符
    程序段 1
#else
    程序段 2
#endif
```

功能:若指定的标识符没有被#define命令定义过时,则编译程序段1,否则编译程序段2。

说明:#else部分可以省略。

(3) 形式3。

```
#if  表达式
    程序段 1
#else
    程序段 2
#endif
```

功能:当表达式的值为真时只编译程序段1,否则编译程序段2。

说明:#else部分可以省略。

事实上,在stdio.h文件中包含大量预处理指令,现摘录几处加以说明:

```
#if _MSC_VER>1000
#pragma once
#endif
```

该段指令的功能是,当编译器版本高于Visual C++ 5.0时,执行#pragma once指令。由编译器提供保证,同一个文件不会被包含多次,从而避免花费时间去想宏名、避免宏名碰撞等问题。

```
#ifndef _FILE_DEFINED
struct _iobuf {
    char * _ptr;
    int _cnt;
    char * _base;
    int _flag;
    int _file;
    int _charbuf;
    int _bufsiz;
    char * _tmpfname;
  };
typedef struct _iobuf FILE;
#define _FILE_DEFINED
#endif
```

这段指令的功能是：定义文件类型 File。如果没有定义_FILE_DEFINED 宏名，就定义文件结构体_iobuf，然后用 typedef 将它指定为 FILE 类型，再定义_FILE_DEFINED 宏名（不指明具体内容），主要说明该宏名已定义过。

```
#ifndef _INC_STDIO
#define _INC_STDIO
...
#endif /* _INC_STDIO
```

该段指令的功能是：保证 stdio.h 定义的内容只调用一次，即使是一个文件中包含多条#include <stdio.h>预处理指令，也可以成功。

15.3 实验内容与步骤

(1)（基础题）编写程序实现：先输入两个整数 x、y，然后计算 x&y、x|y、x^y、~x、x<<3、x>>2 六种基本位运算的结果，并输出。

(2)（基础题）分析、运行下列两个程序，指出它们的功能，熟悉一些位运算符的典型用法。

① 程序 1。

```
#include<stdio.h>
int main()
{
    unsigned int u_int;
    printf("请输入一个无符号整数：");
    scanf("%u",&u_int);
    unsigned int u_b3,u_b2,u_b1,u_b0;
```

```
    u_b3=u_int & 0xff000000;
    u_b3>>=24;

    u_b2=u_int & 0x00ff0000;
    u_b2>>=16;

    u_b1=u_int & 0x0000ff00;
    u_b1>>=8;

    u_b0=u_int & 0x000000ff;

    printf("无符号数：%d(十进制),0x%x(十六进制)\n\n",u_int,u_int);
    printf("从高字节到低字节排列:\n");
    printf("第 3 字节：0x%x\n",u_b3);
    printf("第 2 字节：0x%x\n",u_b2);
    printf("第 1 字节：0x%x\n",u_b1);
    printf("第 0 字节：0x%x\n",u_b0);

    printf("\n");
    return 0;
}
```

② 程序 2。

```
#include<stdio.h>
int main()
{
    int a,b,c;
    printf("请输入 3 个整数：");
    scanf("%d%d%d",&a,&b,&c);
    printf("a=%d,b=%d,c=%d\n\n",a,b,c);

    printf("a^0=%d\n",a^0);
    printf("a^c=%d\n",a^c);
    printf("a^c^c=%d\n",a^c^c);
    printf("a=%d,b=%d,c=%d\n\n",a,b,c);

    a=a^b;
    b=b^a;
    a=a^b;

    printf("a=%d,b=%d,c=%d\n\n",a,b,c);

    printf("\n");
```

```
    return 0;
}
```

(3)（基础题）输入一个字符串和一个整数(0～255)，利用“异或”运算，模拟加密、解密过程。程序运行结果如图 15-19 所示。

```
请输入一个长度不超过60的字符串:It is time for class.
请输入一个0~255的整数:67

原文: It is time for class.

密文:
7c*0c7*.&c%,1c /"00m

译文: It is time for class.
```

图 15-19 程序运行结果

(4)（基础题）下列程序是用带参数的宏定义来计算长方形的周长、面积，认真分析、运行该程序，请指出它有无错误；若有错，应如何改正？

```
#include<stdio.h>
#define  C(a,b)  2*(a+b)
#define  S(a,b)  a*b
int main()
{
    float x,y,c,s;
    x=4;
    y=5;
    c=C(x+1,y+1);
    s=S(x+1,y+1);
    printf("长方形的长: %f,宽: %f \n",x+1,y+1);
    printf("    周长: %f,面积:%f \n\n",c,s);
    return 0;
}
```

(5)（基础题）使用宏定义实现比较两个数的大小，并编写程序输出结果。

(6)（基础题）请用“写字板”或“记事本”打开 stdio. h 等文件，查看其内容，熟悉“条件编译”指令的用法。

(7)（提高题）编程实现：从键盘上输入一个字符，计算此字符的二进制 ASCII 码中 1 的个数，并显示出来。程序运行结果如图 15-20 所示。

```
请输入一个字符:A
该字符的ASCII中包含1的个数=2
```

图 15-20 程序运行结果

(8)（提高题）使用位运算判断一个正整数是不是 2 的幂(即 2^x)。

(9)（提高题）编写一个程序，判断处理器是大字节序存储还是小字节序存储，即可以测试无符号数 0x12345678，如果是以如图 15-21 所示的方式存储(高有效位放在低地址段)则输出“大字节序存储”；若以如图 15-22 所示的方式存储(低有效位放在低地址段)则输出“小字节序存储”。

内存地址	0x4000	0x4001	0x4002	0x4003
存放内容	0x12	0x34	0x56	0x78

图 15-21 大字节序存储方式

内存地址	0x4000	0x4001	0x4002	0x4003
存放内容	0x78	0x56	0x34	0x12

图 15-22 小字节序存储方式

实验 16 文件操作(1)

16.1 实验目的

(1) 理解文件的概念、组成和分类,能够正确区分读文件、写文件的不同操作。

(2) 理解缓冲文件系统、文件类型指针,能够用正确方法打开、关闭文件。

(3) 熟悉文件操作的步骤,能够使用不同的函数(fgetc()和 fputc()、fgets()和 fputs()、fscanf()和 fprintf()等)读写文件内容,并能判断文件输入是否结束。

(4) 了解文本文件和二进制文件的区别。能够使用 fread()和 fwrite()对二进制文件进行读写,并使用 UltraEdit 等编辑软件查看二进制文件各字节内容。

16.2 知识要点

1. 文件的基础知识

1) 什么是文件

文件是指存储在外存介质(如磁盘、光盘、U 盘等)上的数据集合。每一个文件有唯一的文件名,操作系统是按照名字存取文件的。

文件名:通常由路径、主文件名、扩展名三部分组成,如 F:\C_2013\labs\lab_16.doc。

在 Windows 系统中,有盘符概念,根目录、文件分隔符是“\”;而 Linux 系统中,无盘符概念,根目录、文件分隔符为“/”。

2) 文件分类

可以从不同的角度对文件进行分类:根据文件的组织形式不同,可分为顺序存取文件和随机存取文件;依据文件的存储形式不同,又可分为文本文件(即 ASCII 码)和二进制文件。

文本文件:每一个字节存储一个字符,其文件内容就是一系列字符,不能存储图像、声音等信息。这类文件便于对字符进行操作,但通常占用存储空间较多,而且需要花费时间进行数制转换(即二进制与 ASCII 码之间的转换)。

二进制文件:文件内容是以数据在内存中的存储形式存放的,通常一个字节并不表示一个字符,可用来存放文本以外的数据,如图像、声音等信息。这类文件的特点是存储量小、速度快,可节省外存空间和转换时间。

以存储整数 10 000 为例，如果用文本文件方式存储，需要 5 字节，分别存放字符'1'、'0'、'0'、'0'、'0'的 ASCII 码，其大小与字符个数有关，可用文本工具直接打开、显示；若用二进制文件存储，由于在 Visual C++ 系统中一个整数占用 4 字节，即 32 位，则存储内容用二进制表示是 0000 0000 0000 0000 0010 0111 0001 0000，转换成十六进制是 0x00002710。存储空间多少与数据本身大小无关，所有的整数都是占用 4 字节，用“记事本”等工具打开时会出现乱码。

事实上，无论是文本文件还是二进制文件，其内容都是以二进制形式存储的，可以用 UltraEdit 等工具进行验证，两者的区别是一个字节是否对应一个字符。

3）文件的读写操作

C 语言提供了完善的文件操作功能。

文件的读写操作是站在内存角度来判定的：

读文件：是指将外存（如磁盘、光盘、U 盘等）文件中的数据传送到计算机内存的操作，又称输入，如将磁盘文件调入内存进行编辑。

写文件：是指从计算机内存向外存（如磁盘、光盘、U 盘等）文件中传送数据的操作，又称输出，如将编辑好的文件保存到磁盘中。

问题：Word 中的“打开文件”、“保存文件”、“另存为”等操作，分别对应哪一类文件操作？

C 语言将数据文件看作是由一个一个的字符（文本文件）或字节（二进制文件）组成的，而不考虑行的界限，两行数据间不会自动加分隔符，对文件的存取是以字符（字节）为单位的。输入输出数据流的开始和结束仅受程序控制，而不受物理符号（如回车换行符）的控制。

4）缓冲文件系统

缓冲文件系统：是指系统自动地在内存区为每个正在使用的文件开辟一个缓冲区。

从内存向磁盘写数据时，必须首先输出到缓冲区中。待缓冲区装满后，再一起输出到磁盘文件中；当从磁盘文件向内存读数据时，则正好相反：首先将一批数据读入到缓冲区中，再从缓冲区中将数据逐个送到程序数据区，如图 16-1 所示。

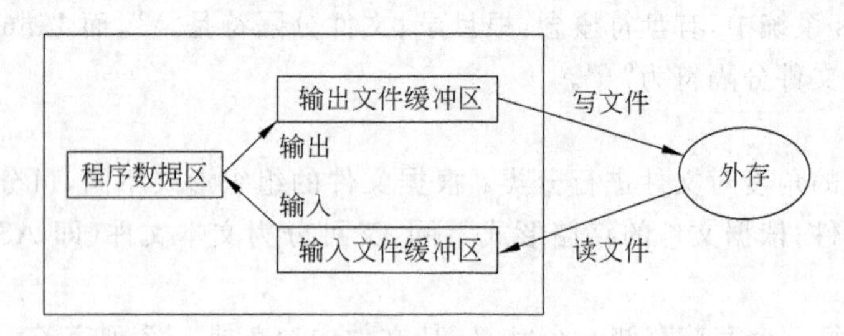

图 16-1 缓冲文件系统示图

5）文件类型指针

在缓冲文件系统中，每个被使用的文件都在内存中开辟一个相应的文件信息区，用来存放文件的有关信息（如文件的名字、文件状态及文件当前位置等）。

这些信息是保存在一个类型名为 FILE 的结构体变量中。结构体类型 FILE 的声明位于头文件 stdio.h 中，已在实验 15 介绍“条件编译”时提及，大家不必去熟悉其成员组成，只要记住有该类型就行了。

FILE 类型指针变量：

定义：`FILE * fp;`

说明：fp 是一个指针变量，指向某个文件结构体变量，通过该结构体变量中的文件信息能够访问指定的文件。

文件打开时，系统会自动建立指向这一文件的 FILE 结构体，并返回指向此结构体的指针，此后程序就能通过该指针获得文件信息，进行文件读写操作。操作完成后需要关闭文件，此时所对应的文件结构体变量自动被释放。

例如：

```
FILE *fp1,*fp2,*fp3;          //定义三个文件结构体指针,指向三个不同的文件
```

2. 文件的打开与关闭

1）打开文件

C 语言中对文件进行操作必须先打开文件，打开文件需要使用 fopen 函数。

函数原型：

```
FILE *fopen(const char *path,const char *mode)
```

函数功能：返回一个 FILE 类型的指针，简称文件指针。文件打开之后，对文件的所有操作，如文件读写、文件关闭等，都需要以该指针为参数调用相应函数，因此可用该指针代表打开的文件。

参数中的 path 为文件路径，mode 为打开方式，说明如下：

（1）对于文件路径 path，可以是相对路径或绝对路径。在 Windows 系统中，根目录、文件分隔符需用转义字符“\\”表示。例如，打开 C 盘根目录下的 test.txt 文件，则文件路径值应为 C:\\test.txt。

（2）对于操作方式 mode，主要由“r”、“w”、“a”、“+”、“b”、“t”六个字符组合而成。

- r：表示只读方式，文件必须存在，否则出错。
- w：表示只写方式，若文件存在，则原有内容会被清除；若文件不存在，会自动建立文件。
- a：表示以追加方式打开文件，只允许进行写操作，若文件存在，则添加的内容放在文件末尾；若不存在，则自动建立文件。
- +：表示可读可写。
- b：表示以二进制方式打开文件。
- t：表示以文本方式打开文件，通常省略不写。

例如：

```
FILE *fp;
fp=fopen("myfile.txt","r");
```

表示要打开当前目录中文件名为 myfile.txt 的文件，打开文件的方式为“读取”。如果文

件正常打开，之后就可以进行文件读写操作，读写完毕需要关闭文件。

在一些特殊情况下，如读取的文件不存在、往只读光盘中写文件等，文件打开时会出错，此时 fopen 函数返回 NULL 值。编程时有必要检测有无该情况的发生，并做出相应的处置。因此，打开文件时，通常使用如下代码：

```
FILE * fp;
if ((fp=fopen("指定的文件名","文件打开方式"))==NULL)
{
    printf(" cannot open this file\n");                //输出提示信息
    exit(0);                                           //终止程序运行
}
```

其中，exit(0)函数的功能是：关闭所有已打开的文件，结束程序运行。该函数声明位于头文件 stdlib.h 中。

注意：在程序开始运行时，系统自动会打开三个标准文件，并已分别定义了文件指针。

① 标准输入文件 stdin：指从终端输入(通常指键盘)。

② 标准输出文件 stdout：指向终端输出(通常指显示器)。

③ 标准错误文件 stderr：指向标准错误输出(通常指显示器)。

2) 关闭文件

当文件的读写操作完成之后，应该使用 fclose 函数来关闭文件，以免丢失数据。

函数原型：

```
int fclose(FILE *文件指针)
```

函数功能：关闭“文件指针”所指向的文件。如果正常关闭文件，则函数返回值为 0；否则，返回值为非 0。

例如：

```
fclose(fp);                                            //关闭 fp 所指向的文件
```

3. 文件操作编程的基本步骤

不同情况下，文件操作的要求、内容可能有很大差别，但操作的基本步骤是相同的，主要有以下 4 步：

(1) 定义 FILE 类型的指针。

(2) 按指定正确的文件路径、操作方式打开文件，并判断是否成功打开，若打开文件失败，则程序退出运行状态。

(3) 对文件进行具体的读写操作等。

(4) 关闭所有已打开的文件。

4. 顺序读写数据文件

1) 顺序读写文件的含义

对文件数据的读写顺序是按照数据在文件中的顺序来进行的，也就是说，位于前面的数据先读写，位于后面的数据后读写。

顺序读写需要用到以下库函数来实现，它们已在 stdio. h 文件中声明：

(1) 单字符读、写函数：fgetc()和 fputc()。

(2) 字符串读、写函数：fgets()和 fputs()。

(3) 数据块读、写函数：fread()和 fwrite()。

(4) 格式化读、写函数：fscanf()和 fprintf()。

2) 读写一个字符的函数

(1) 写字符函数。

函数原型：

```
int fputc(char ch,FILE *fp)
```

函数功能：把一字符 ch 写入 fp 指向的文件中。

函数返回值：正常，返回 ch；出错，为 EOF(符号常量，定义为-1)。

(2) 读字符函数。

函数原型：

```
int fgetc(FILE *fp)
```

函数功能：从 fp 指向的文件中读取一字符，通常存放到一个变量中。

函数返回值：正常，返回所读取的字符(整数)；出错，为 EOF(符号常量，定义为-1)。

【例 16-1】 从键盘上输入一些字符，逐个把它们送到磁盘上去，直到用户输入某一特定字符(如@等)为止。

编程思路：

(1) 先输入文件名，再以文本文件写入方式打开，系统会自动建立文件。

(2) 调用 fgetc 函数从键盘逐个输入字符，再调用 fputc 函数将字符写入磁盘文件中，这样每次就可读取、写入一个字符；使用循环结构可读取、写入多个字符，直至遇到@字符为止。

程序代码如下：

```
#include<stdio.h>
#include<stdlib.h>
int main()
{
    FILE * fp;                              //定义文件类型指针
    char ch,filename[100];
    printf("请输入目标文件名：");
    scanf("%s",filename);
    if((fp=fopen(filename,"w"))==NULL)      //打开输出文件并使 fp 指向此文件
    {
        printf("无法打开此文件\n");         //如果打开时出错,就输出"打不开"的信息
        exit(0);                            //终止程序
    }
    ch=getchar();                   //此语句用来接收在执行 scanf 语句时最后输入的回车符
```

```
    printf("请输入一个准备存储到磁盘的字符串(以@结束):");
    ch=getchar();                                   //接收从键盘输入的第一个字符
    while(ch!='@')                                  //当输入'@'时结束循环
    {
        fputc(ch,fp);                               //向磁盘文件输出一个字符
        putchar(ch);                                //将输出的字符显示在屏幕上
        ch=getchar();                               //再接收从键盘输入的一个字符
    }
    fclose(fp);                                     //关闭文件
    putchar(10);                        //向屏幕输出一个换行符,换行符的 ASCII 代码为 10
    return 0;
}
```

程序运行结果如图 16-2 所示。

用记事本打开 F:\test.txt,其内容如图 16-3 所示,这说明程序实现相应功能。

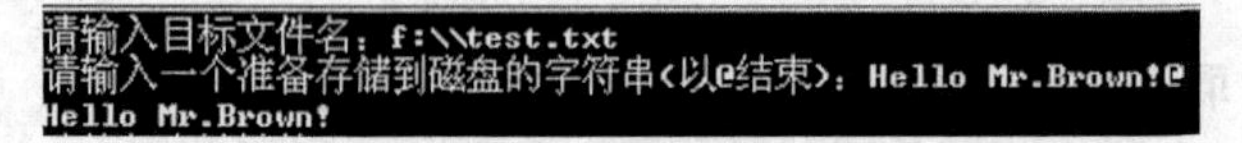

图 16-2 例 16-1 程序运行结果

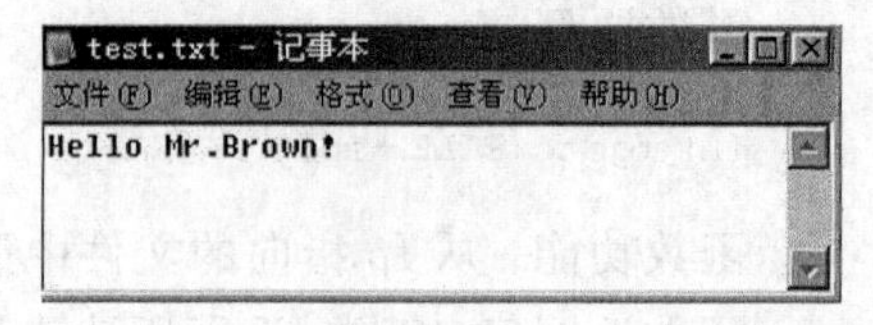

图 16-3 用"记事本"打开结果

【例 16-2】 编写一个程序,实现文本文件的复制功能。

编程思路:

(1) 需要打开源文件和目标文件,其中源文件以"读"方式打开;目标文件以"写"方式打开。

(2) 将源文件内容逐字符读出,并写入目标文件。

(3) 用读取字符是否为 EOF 来判断源文件内容是否读完。

程序代码如下:

```
#include<stdio.h>
#include<stdlib.h>
int main()
{
    FILE *in, *out;
    char ch,infile[50],outfile[50]; //定义两个字符数组,分别存放源文件名和目标文件名
    printf("输入源文件的名字:");
    scanf("%s",infile);                             //输入一个输入文件的名字
    printf("输入目标文件的名字:");
    scanf("%s",outfile);                            //输入一个输出文件的名字
    if((in=fopen(infile,"r"))==NULL)                //打开输入文件
    {
        printf("无法打开源文件\n");
        exit(0);
```

```
    }
        if((out=fopen(outfile,"w"))==NULL)   //打开输出文件
    {
        printf("无法打开目标文件\n");
        exit(0);
    }
    printf("\n文件内容:\n");
    ch=fgetc(in);                       //从输入文件读入一个字符,暂放在变量 ch 中
    while(ch!=EOF)                      //如果未遇到输入文件的结束标志
    {
        fputc(ch,out);                  //将 ch 写到输出文件中
        putchar(ch);                    //将 ch 显示在屏幕上
        ch=fgetc(in);                   //从输入文件读入一个字符,为下一次判定作准备
    }
    printf("\n\n文件复制完毕\n\n");
    fclose(in);                              //关闭输入文件
    fclose(out);                             //关闭输出文件
    return 0;
}
```

```
输入源文件的名字:F:\\test.txt
输入目标文件的名字:F:\\copy.txt

文件内容:
Hello Mr.Brown!

文件复制完毕
```

图 16-4　例 16-2 程序运行结果

程序运行结果如图 16-4 所示。

问题：*尝试用该程序去复制一个二进制文件(如扩展名为 exe 的文件),看能否成功？并思考其中的原因。*

读取二进制文件时,不能用返回值是否为 EOF 来判定是否读取文件尾,此时需要调用 feof 函数来判定。

判断是否遇到文件尾的 feof 函数：

函数原型：

```
int feof(文件指针)
```

函数功能：在执行读取文件操作时,如果遇到文件尾,则函数返回逻辑真 1;否则,则返回逻辑假(0)。feof 函数既适合于判定文本文件,也适合判定二进制文件。

例如,用条件表达式!feof(input) 来判定读取源文件是否结束。

另外,由于在 stdio. h 中进行了如下宏定义：

```
#define  putc(ch,fp)   fputc(ch,fp)
#define  getc(fp)      fgetc(fp)
#define  putchar(c)    fputc(c,stdout)
#define  getchar()     fgetc(stdin)
```

因此,可以用 putc()、getc()来取代 fputc()、fgetc()进行读写操作。

3) 读写字符串的函数

(1) 写字符串函数。

函数原型：

```
int fputs(char * buf,FILE * fp)        //参数buf可以是字符串常量,字符数组名或字符指针
```

函数功能：将 buf 指向的字符串写到 fp 指定的文件，但不输出字符串结束符'\0'。

函数返回值：若字符串写成功，则返回所写的最后一个字符；否则，返回 EOF 值。

(2) 读字符串函数。

函数原型：

```
char * fgets(char * buf,int n,FILE * fp)
```

函数功能：从 fp 指定的文件读取长度为 n－1 的字符串存入起始地址为 buf 的内存空间，自动加上结束标志'\0'，共占 n 个字符。若在未读足 n－1 个字符前遇到换行符'\n'或文件结束符就停止读取。

函数返回值：读取成功，返回地址 buf；若读到文件末尾或出错，则返回 NULL 值。

【例 16-3】 从键盘上读入若干个字符串，对它们按字母先后顺序排序，然后把排好序的字符串送到磁盘文件中保存。

编程思路：

(1) 从键盘读入 n 个字符串，存放在一个二维字符数组中，每个一维数组存放一个字符串。

(2) 对字符数组中的 n 个字符串按字母顺序排序，排好序的字符串仍存放在字符数组中。

(3) 将字符数组中的字符串写入文件，并显示在屏幕上。

程序代码如下：

```
#include<stdio.h>
#include<stdlib.h>
#include<string.h>
int main()
{
    FILE * fp;
    //str是用来存放字符串的二维数组,temp是临时数组
    char str[3][50],temp[50];
    int i,j,k,n=3;
    printf("请输入个字符串:\n");                    //提示输入字符串
    for(i=0;i<n;i++)
        gets(str[i]);                               //输入字符串
    for(i=0;i<n-1;i++)                              //用选择法对字符串排序
    {
        k=i;
        for(j=i+1;j<n;j++)
            if(strcmp(str[k],str[j])> 0)
                k=j;
        if(k!=i)
        {
```

```
            strcpy(temp,str[i]);
            strcpy(str[i],str[k]);
            strcpy(str[k],temp);
        }
    }
    if((fp=fopen("F:\\strings.txt","w"))==NULL)        //打开磁盘文件
    {
        printf("不能打开目标文件！ \n");
        exit(0);
    }
    printf("\n 排序后的字符串序列为:\n");
    for(i=0;i<n;i++)
    {
        fputs(str[i],fp);
        fputs("\n",fp);
        printf("%s\n",str[i]);                          //在屏幕上显示字符串
    }
    printf("\n");
    return 0;
}
```

程序运行结果如图 16-5 所示。

```
请输入3个字符串:
The Lion King
Spider man
Kufung Panda

排序后的字符串序列为:
Kufung Panda
Spider man
The Lion King
```

图 16-5 例 16-3 程序运行结果

【例 16-4】 将例 16-3 中 strings. txt 文件中字符串读出，并在屏幕上显示。

编程思路：将 strings. txt 以文本输入方式打开，用 fgets 函数每次读取一行字符，然后在屏幕中显示出来，直到所有内容输完为止。

程序代码如下：

```
#include<stdio.h>
#include<stdlib.h>
int main()
{
    FILE *fp;
    char str[3][50];
    int i=0;
    if((fp=fopen("F:\\strings.txt","r"))==NULL)
    {
        printf("不能打开 F:\strings.txt 文件!\n");
        exit(0);
    }
    while(fgets(str[i],50,fp)!=NULL)
    {
        printf("%s",str[i]);
        i++;
```

```
    }
    fclose(fp);
    printf("\n");
    return 0;
}
```

```
Kufung Panda
Spider man
The Lion King
```

图 16-6 例 16-4 程序运行结果

程序运行结果如图 16-6 所示。

4）格式化读写函数

printf 函数和 scanf 函数可以用于控制台的输入和输出。

文件操作中也有两个类似的函数 fprintf()和 fscanf()，可以实现文本文件的输入和输出功能。

函数原型：

```
int fscanf (FILE * fp,格式说明,输入表列)
int fprintf (FILE * fp,格式说明,输出表列)
```

函数返回值：输入或输出的数据个数。

【例 16-5】 编写程序得到一个乘法九九表，写入文件 file99.txt。从该文件把九九表中的数据读入二维数组 a[9][9]，并显示输出。

编程思路：

(1) 使用 fprintf()将数据写到指定文件中。

(2) 用 fscanf()从文件中读出数据到数组中，再输出。

程序代码如下：

```
#include<stdio.h>
int main()
{
    FILE * fp;
    int i,j,a[9][9];
    if((fp=fopen("F:\\file99.txt","w"))==NULL)
    {
        printf("不能将数据保存到 file99.txt 文件中!\n");
        exit(0)
    }
    for(i=1; i<=9; i++)
    {
        for (j=1; j<=9; j++)
            fprintf(fp,"%5d",i * j);              //采用格式化方式将内容保存到文件中
        fprintf(fp,"\n");
    }
    fclose(fp);

    if((fp=fopen("F:\\file99.txt","r"))==NULL)
    {
        printf("不能打开 file99.txt 文件!\n");
```

```
            exit(0)
        }
        for (i=0; i<9; i++)
        {
            for (j=0; j<9; j++)
            {
                fscanf(fp,"%d",&a[i][j]);          //采用格式化方式从文件读取内容到数组中
                printf("%5d",a[i][j]);
            }
            printf("\n");
        }
        fclose(fp);
        return 0;
}
```

```
 1   2   3   4   5   6   7   8   9
 2   4   6   8  10  12  14  16  18
 3   6   9  12  15  18  21  24  27
 4   8  12  16  20  24  28  32  36
 5  10  15  20  25  30  35  40  45
 6  12  18  24  30  36  42  48  54
 7  14  21  28  35  42  49  56  63
 8  16  24  32  40  48  56  64  72
 9  18  27  36  45  54  63  72  81
```

图 16-7　例 16-5 程序运行结果

程序运行结果如图 16-7 所示。

5）二进制文件读写

对于二进制文件的读写，一方面在文件打开时，打开方式中需要加上"b"，如"rb"、"wb"等；另一方面，可以将文件看作是“字节流”，使用字符输入输出函数实现逐个字节的输入和输出。当然，也可以采用专用的二进制块读写函数来操作二进制文件。

二进制块读函数原型：

```
int fread(char * buffer,int size,int count,FILE * fp)
```

二进制块写函数原型：

```
int fwrite(char * buffer,int size,int count,FILE * fp)
```

其中：

- buffer：是一个内存缓冲区地址。对于 fread()来说，它是用来存放从文件读取的数据的存储区的地址。对于 fwrite()来说，是要把此地址开始的存储区中的数据向文件输出。
- size：每一个数据项的长度。
- count：需要读写的数据项的个数。
- fp：要读写文件的指针。

函数返回值：读取或写入函数的数据项个数。

【例 16-6】 编程将整数 1～10 写入一个二进制文件中，然后再将数据在屏幕中显示输出。

编程思路：

(1) 先定义一个整型数组用来存放 1～10，再使用 fwrite()将数据写到文件中。

(2) 用 fread()从文件中读出数据，并显示输出。

程序代码如下：

```
#include<stdio.h>
int main()
```

```
{
    FILE * fp;
    int i,x;
    int a[10]={1,2,3,4,5,6,7,8,9,10};
    if((fp=fopen("F:\\mydata.dat","wb"))==NULL)
    {
        printf("不能将数据保存到 F:\mydata.dat 中! \n");
        exit(0)
    }
    for(i=0;i<10;i++)
        fwrite(&a[i],sizeof(int),1,fp);       //采用块方式将数组元素逐一输出到文件中
    fclose(fp);

    if((fp=fopen("F:\\mydata.dat","rb"))==NULL)
    {
        printf("不能打开 F:\mydata.dat 文件\n");
        exit(0)
    }
    for(i=0;i<10;i++)
    {
        fread(&x,sizeof(int),1,fp);           //采用块方式从文件中读取块数据到变量中
        printf("%d ",x);
    }
    fclose(fp);
    printf("\n\n");
    return 0;
}
```

程序运行结果如图 16-8 所示。

思考题：*mydata.dat 文件的长度是多少字节？其数据是如何存放的？*

当用“记事本”打开 mydata.dat 文件时，出现如图 16-9 所示的情况。

```
1 2 3 4 5 6 7 8 9 10
```

图 16-8 例 16-6 程序运行结果

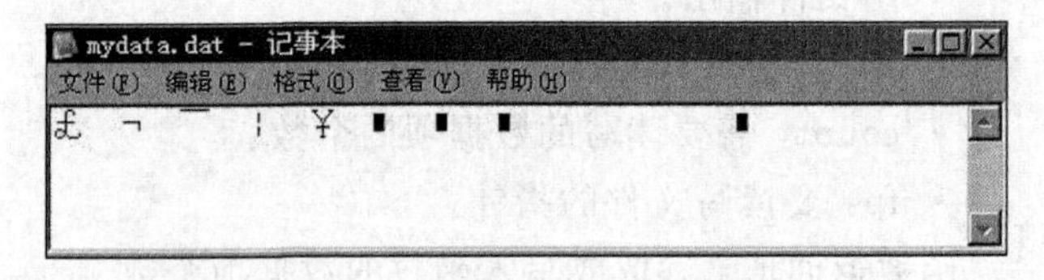

图 16-9 用“记事本”打开二进制文件示图

请使用 UltraEdit 等二进制编辑软件查看该文件各字节内容，不难解释出现乱码的原因。

16.3 实验内容与步骤

(1)（基础题）以下程序的功能是：从键盘上输入一个文件名，然后再输入一些字符，依次存放到该文件中，用 & 作为输入结束标志。请先填充程序所缺代码，再按要求操作，

最后回答问题：

```
#include<stdio.h>
#include<______①______>
int main()
{
    FILE * fp;
    char ch,fname[51];
    printf("请输入文件名：");
    ______②______;
    if((fp=______③______)==NULL)
    {
    printf("文件不能打开!\n");
    exit(0);
    }
    while(______④______)
    {
    fputc(______⑤______);
    }

    printf("文件保存完毕!\n\n");
    ______⑥______;                                    //关闭文件
    return 0;
}
```

操作要求：

① 文件指定为 F:盘根目录下 myfile.txt，请输入以下内容。

```
1234567890
abcdefghij
C语言 &
```

② 请查看 myfile.txt 文件的长度，用“记事本”打开该文件，再用 UltraEdit 查看该文件各字节的内容。

问题：

① 文件操作的基本步骤有哪些？怎样打开、关闭文件？

② 文件类型指针有什么作用？

③ 当打开文件不成功时，该如何处理？

④ 怎样向文件写入字符？

(2)（基础题）以下文件的功能是进行文本文件的复制，源文件名、目标文件名由键盘输入。请将程序所缺代码补充完整，再按要求操作，最后回答问题。

```
#include<stdio.h>
#include<stdlib.h>
int main()
```

```
{
    FILE * in, * out;
    char ch,infile[60],outfile[60];
    printf("输入源文件的名字:");
    scanf("%s",infile);
    printf("输入目标文件的名字:");
    scanf("%s",outfile);

    if((in=fopen(____①____))==NULL)            //打开输入文件
    {
        printf("无法打开源文件\n");
        exit(0);
    }
    if((out=fopen(____②____))==NULL)           //打开输出文件
    {
        printf("无法打开目标文件\n");
        exit(0);
    }

    ch=fgetc(____③____);
    while(____④____)
    {
        fputc(____⑤____);
        ch=fgetc(in);
    }
    printf("\n文件复制完毕\n\n");
    ____⑥____;                                 //关闭输入文件
    ____⑦____;                                 //关闭输出文件
    return 0;
}
```

操作要求:

① 请向 F:\目录复制一个文本文件和 exe 文件(二进制文件),分别命名为 myfile.txt 和 test.exe。

② 运行程序,输入源文件名 F:\\myfile.txt,目标文件名 F:\\myfile2.txt。查看 myfile.txt 与 myfile2.txt 是否完全相同(可通过 UltraEdit 比较两文件的大小、内容来判定)。

③ 再次运行程序,输入源文件名 F:\\test.exe,目标文件名 F:\\test2.exe。这两个文件完全相同吗?请分析其中的原因,并对程序加以改进。

问题:

① 打开源文件、目标文件时,打开方式项的内容各是什么?

② 文本文件、二进制文件的打开方式有什么不同?

③ 对于文本文件、二进制文件,如何判断遇到了文件尾?

(3)（基础题）分析、运行下列三个程序，指出它们的功能，熟悉文件读写相关函数的使用。

① 程序 1

```
#include<stdio.h>
#include<stdlib.h>
#include<string.h>
int main()
{
    FILE * fp;
    char str[101];
    int i,n=5;

    if((fp=fopen("F:\\strings.txt","w"))==NULL)
    {
        printf("不能打开此文件!\n");
        exit(0);
    }
    printf("请输入几个字符串:\n");

    while(strlen(gets(str))>0)
    {
        fputs(str,fp);
        fputs("\n",fp);
    }
    printf("\n字符串内容已保存!\n");
    fclose(fp);

    if((fp=fopen("F:\\strings.txt","r"))==NULL)
    {
        printf("不能打开此文件!\n");
        exit(0);
    }
    printf("\n文件中保存的字符串有:\n");
    while(fgets(str,101,fp)!=NULL)
        printf("%s",str);
    fclose(fp);
    printf("\n");
    return 0;
}
```

② 程序 2

```
#include<stdio.h>
#include<stdlib.h>
```

```
int main()
{
    FILE * fp;
    int i,k;
    int num[]={100,101,102,103,104,105,106,107,108,109};
    if((fp=fopen("F:\\myarray.txt","w"))==NULL)
    {
        printf("不能将数据保存到 myarray.txt 文件中!\n");
        exit(0);
    }
    for(i=0;i<=9;i++)
    {
        fprintf(fp,"%5d",num[i]);
        fprintf(fp,"\n");
    }
    fclose(fp);

    if((fp=fopen("F:\\myarray.txt","r"))==NULL)
    {
        printf("不能打开 myarray.txt 文件!\n");
        exit(0);
    }
    for (i=0;i<=9;i++)
    {
        fscanf(fp,"%d",&k);
        printf("%-5d",k);
    }
    printf("\n\n");
    fclose(fp);
    return 0;
}
```

③ 程序 3

```
#include<stdio.h>
#include<stdlib.h>
int main()
{
    FILE * fp;
    int i,k;
    int num[]={100,101,102,103,104,105,106,107,108,109},b[10];
    if((fp=fopen("F:\\myarray.dat","wb"))==NULL)
    {
        printf("不能将数据保存到 myarray.dat 文件中!\n");
        exit(0);
```

```
    }
    fwrite(num,sizeof(int),10,fp);
    fclose(fp);

    if((fp=fopen("F:\\myarray.dat","rb"))==NULL)
    {
        printf("不能打开 myarray.dat 文件!\n");
        exit(0);
    }
    fread(b,sizeof(int),10,fp);
    fclose(fp);

    for (i=0;i<=9;i++)
        printf("%-5d",b[i]);
    printf("\n\n");
    return 0;
}
```

（4）（基础题）编程实现：有 5 个学生，每个学生有 3 门课的成绩，从键盘上输入具体数据（包括学生学号、姓名、三门课成绩），计算出平均成绩，将原有数据和计算得到的平均分数存放在磁盘文件 D:\stud.dat 中。程序运行结果如图 16-10 所示。

（5）（提高题）将上一题 D:\stud.dat 文件中的学生数据，按平均分进行排序处理，将已排序的学生数据存入一个新文件 D:\stud_sort.dat 中。程序运行结果如图 16-11 所示。

```
请输入第 5 个学生的信息：
学号：10113
姓名：Yuan
成绩<数学，英语，编程>：58,68,71
```

学号	姓名	数学	英语	编程	平均分
10101	Wang	89.0	98.0	67.5	84.8
10103	Li	60.0	80.0	90.0	76.7
10106	Sun	75.5	91.5	99.0	88.7
10110	Ling	100.0	50.0	62.5	70.8
10113	Yuan	58.0	68.0	71.0	65.7

图 16-10　程序运行结果（1）

排序后的学生成绩如下：

学号	姓名	数学	英语	编程	平均分
10106	Sun	75.5	91.5	99.0	88.7
10101	Wang	89.0	98.0	67.5	84.8
10103	Li	60.0	80.0	90.0	76.7
10110	Ling	100.0	50.0	62.5	70.8
10113	Yuan	58.0	68.0	71.0	65.7

图 16-11　程序运行结果（2）

（6）（提高题）假设一个联系人的信息只包含姓名、手机号码两项数据，一个通讯录由多个联系人的信息组成。请编程实现：将通讯录内容保存到文本文件中，并具有增加新联系人、显示所有联系人信息的功能。

实验 17　文件操作(2)

17.1　实 验 目 的

(1) 理解文件读写位置指针的概念,清楚随机读写文件的关键点是移动文件读写位置指针。

(2) 掌握文件定位函数(rewind()、fseek()和 ftell())的用法。

17.2　知 识 要 点

1. 文件读写位置指针

在 C 语言中读写文件时,既可以按顺序读写,也可以随机读写。

顺序读写的操作位置总是从文件头开始的,按照物理存储的先后顺序来进行,只有读写了前面数据才能操作后面的数据。这种读写方式的不足之处是效率低。

随机读写不是按照数据在文件中的物理位置次序进行读写的,而是根据需要对任何位置上的数据进行读写的。显然,这种方式比顺序读写的效率要高得多。

文件读写位置指针:文件中有一个指向将要读写的下一个字符的位置标记,这称为读写位置指针。每次读写一个(或一组)数据后,系统就会自动将读写位置指针移动到下一个读写位置上,如图 17-1 所示,类似于文本编辑器的"光标"。由此可知,在进行读写操作前,将读写指针移动到合适位置非常重要。

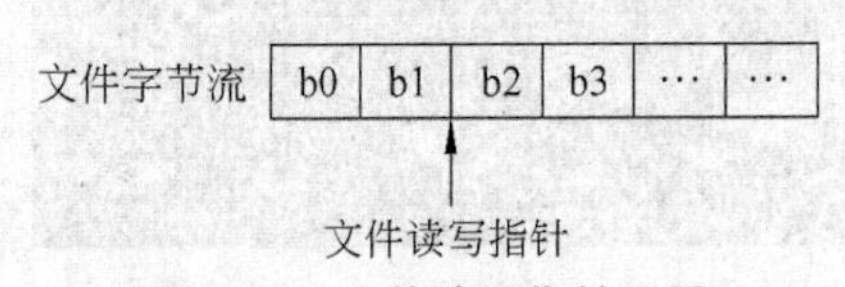

图 17-1　文件读写指针示图

要实现数据文件的随机访问,需要人为地控制文件的读写位置指针,让它在读写操作之前移动到合适的位置上,再进行相应的读写操作。

2. 文件指针的定位

在 C 语言中,文件指针的定位需要调用相应函数来实现。

1) 位置指针复位函数

函数原型:

```
void rewind(文件指针)
```

函数功能：使文件的读写位置指针返回到文件头。

【例 17-1】 对一个文本文件先显示输出其内容，再复制到另一个文件中去。

编程思路：

（1）第一次操作是从头到尾读取文件内容，并显示在屏幕上；此时，文件指针已指向文件尾。

（2）调用 rewind 函数回拨文件读写指针到文件头。

（3）第二次操作时将文件内容复制到另一个文件中。

程序代码如下：

```
#include<stdio.h>
#include<stdlib.h>
int main()
{
    FILE *fp1, *fp2;
    if((fp1=fopen("e:\\a.txt","r"))==NULL)
    {
        printf("不能打开 a.txt 文件!");
        exit(0);
    }

    if((fp2=fopen("e:\\b.txt","w"))==NULL)
    {
        printf("不能打开 b.txt 文件!");
        exit(0);
    }
    printf("a.txt 文件内容如下:\n");
    while(!feof(fp1))
        putchar(getc(fp1));                  //在屏幕上输出文件内容
    rewind(fp1);                             //回拨文件指针到文件头
    while(!feof(fp1))
        putc(getc(fp1),fp2);                 //复制文件内容
    printf("\n\na.txt 内容已复制到 b.txt 中!\n\n");
    fclose(fp1);
    fclose(fp2);
    return 0;
}
```

```
a.txt文件内容如下：
abcdef
OK
1234567890-

a.txt内容已复制到b.txt中!
```

图 17-2 例 17-1 程序运行结果

程序运行结果如图 17-2 所示。

2）移动位置指针函数

函数原型：

```
int fseek(文件类型指针,位移量,起始点)
```

函数功能：将指定文件的位置指针，从起始点开始，移动指定的字节数。

函数返回值：移动成功，返回当前位置；否则，返回－1。

参数说明：

(1) 起始点：是位置移动的基准点，可以是文件的开始，也可以是文件的当前位置，或是文件的末尾；既可以用数字表示，也可以用符号常量表示，如表17-1所示。

表 17-1 起始点位置的表示

起始点位置	符号表示	数字表示
文件头	SEEK_SET	0
当前位置	SEEK_CUR	1
文件尾	SEEK_END	2

(2) 位移量：以起始点为参照，向文件尾方向（当位移量＞0时）或向文件头方向（当位移量＜0时）移动的字节数。在ANSIC标准中，要求位移量为long int型数据。

例如，设fp为文件指针。

函数：

```
fseek(fp,0L,SEEK_SET)
```

功能：读写指针定位到文件开始处。

函数：

```
fseek(fp,20L,SEEK_SET)
```

功能：读写指针定位到文件的第20个字节处。

函数：

```
fseek(fp,0L,SEEK_END);
```

功能：读写指针定位到文件的尾部。

思考题：请说明下列语句的功能：

① `fseek(fp,2L,SEEK_CUR);`

② `fseek(fp,-10L,SEEK_END);`

3) 测定位置指针函数

函数原型：

```
long ftell(文件指针)
```

函数功能：返回文件位置指针的当前位置（用相对于文件头的位移量表示），如果返回值为－1L，则表明函数调用出错。

若将该函数与fseek函数一起使用，则可以获取文件的长度：

```
fseek(fp,0L,SEEK_END);
long n=ftell(fp);
```

【例17-2】 在F:\stu.dat文件中存有6名学生的信息。要求将第1、3、5名学生信息在屏幕上显示。

编程思路：按二进制只读方式打开文件；将文件位置指针指向文件的开始处，读入第1名学生的信息，并把它显示在屏幕上；再将文件指针指向文件中第3、5名学生的数据区开头处，读入相应学生的信息，并显示在屏幕上；最后关闭文件。

程序代码如下：

```
#include<stdlib.h>
#include<stdio.h>
struct student                                          //学生数据类型
{
    char name[10];
    int num;
    int age;
    char addr[15];
}stud[6];

int main()
{
    int i;
    FILE * fp;
    if((fp=fopen("F:\\stu.dat","rb"))==NULL)            //以只读方式打开二进制文件
    {
        printf("can not open file\n");
        exit(0);
    }
    for(i=0;i<6;i+=2)
    {
        fseek(fp,i * sizeof(struct student),0);         //移动位置指针
        fread(&stud[i],sizeof(struct student),1,fp);    //读一个数据块到结构体变量
        printf("%-10s%4d%4d%-15s\n",stud[i].name,stud[i].num,stud[i].age,
            stud[i].addr);                              //在屏幕输出
    }
    printf("\n");
    fclose(fp);
    return 0;
}
```

程序运行结果如图 17-3 所示。

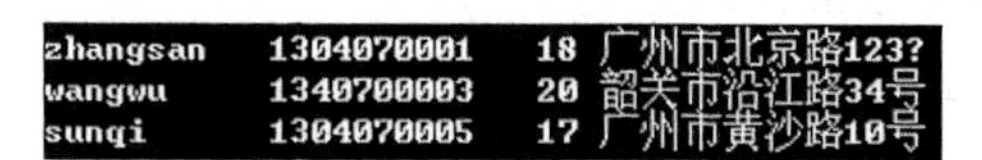

图 17-3　例 17-2 程序运行结果

17.3　实验内容与步骤

(1)（基础题）当前目录有一个名为 a. dat 的文件，其中存放着一批整数，如图 17-4 所示。

请写出以下程序的输出结果。

3
6
9
12
15
18
21
24

图 17-4　a.dat 文件存储内容

```
#include<stdio.h>
int main()
{
    FILE * fp;
    int t;
    fp=fopen("a.dat","rb");
    fread(&t,sizeof(int),1,fp);
    printf("%d\n",t);

    fseek(fp,3*sizeof(int),SEEK_CUR);
    fread(&t,sizeof(int),1,fp);
    printf("%d\n",t);

    fseek(fp,-3*sizeof(int),SEEK_END);
    fread(&t,sizeof(int),1,fp);
    printf("%d\n",t);
}
```

(2)（基础题）以下程序的功能是：利用 fseek()、ftell()、fgetc()、fputc()实现读取、写入一些字符串，请根据要求补充所缺程序代码。

test.txt 文件的内容如下：

```
ABCDEFGHIJKLMNOPQRSTUVWXYZ
1234567890
```

注意：需先将 test.txt 文件复制到本项目源程序所在目录中。

```
#include<stdio.h>
#include<stdlib.h>
int main()
{
    int i;
    FILE * fp;
    //以"读写"方式打开 test.txt 文件
    if((fp=fopen(_____①_____))==NULL)
    {
        printf("不能打开文件!\n");
        exit(0);
    }
    for(i=0;i<5;i++)
    {
        printf("位置: %d,字符: %c\n",ftell(fp),fgetc(fp));
    }
    //显示文件长度
```

```
    fseek(____②____);
    printf("文件长度：%d\n",____③____);
    //输出 XYZ 三个字符
    fseek(____④____);
    for(i=0;i<3;i++)
    {
        printf("%c",____⑤____);
    }
    putchar('\n');
    //将第二行的 123 修改为 abc
    fseek(____⑥____);
    fputc(____⑦____);
    fputc('b',fp);
    fputc('c',fp);
    ____⑧____;                                         //关闭文件
    return 0;
}
```

(3)（提高题）编程实现：将整数 1～20 以二进制文件方式存入 E:\mydata.dat 中，然后读出偶数项数据（如 2,4,6,…），并显示在屏幕上。

提示：可考虑用“读写”方式操作文件，通过 fseek()来移动读写指针，fread()、fwrite()可读取、写入数据。

(4)（提高题）Windows 系统中的可执行文件采用 PE 格式。

这种文件的最开头两个字节是字母 MZ。在后面会出现两个特殊的字节序列 PE。PE 两个字母出现的起始位置是 pos，它的地址位于从文件头开始算起的第 60 字节位置处，是一个长度为 4 字节的整数，如图 17-5 所示。

偏移	0	1	…	60	61	62	63	…	pos		…
内容	'M'	'Z'	…	pos				…	'P'	'E'	…

图 17-5 PE 文件存储示图

图 17-6～图 17-8 所示为用 UltraEdit-32 打开某一 Windows 的可执行文件示图。

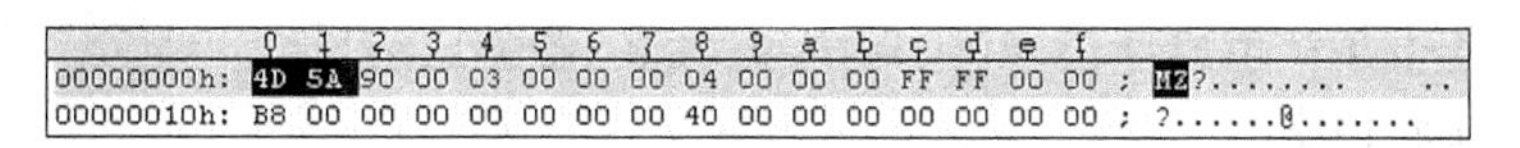

```
           0  1  2  3  4  5  6  7  8  9  a  b  c  d  e  f
00000000h: 4D 5A 90 00 03 00 00 00 04 00 00 00 FF FF 00 00 ; MZ?........   ..
00000010h: B8 00 00 00 00 00 00 00 40 00 00 00 00 00 00 00 ; ?.......@.......
```

图 17-6 PE 文件最开头两字节内容

```
00000030h: 00 00 00 00 00 00 00 00 00 00 00 00 E8 00 00 00 ; ............?..
00000040h: 0E 1F BA 0E 00 B4 09 CD 21 B8 01 4C CD 21 54 68 ; ..?.???L?Th
```

图 17-7 PE 文件第 60～63 字节内容

```
000000e0h: 00 00 00 00 00 00 00 00 50 45 00 00 4C 01 06 00 ; ........PE..L...
000000f0h: 8B 56 CC 4F 00 00 00 00 00 00 00 00 E0 00 03 01 ; 媽蘋........?..
```

图 17-8 PE 文件第 0xe8～0xe9 字节内容

请根据上述规律，编写一个 C 语言程序，判断一个文件是否为 PE 格式的文件。

实验 18　综合案例 1——小学生成绩管理系统

18.1　实验目的

（1）通过一个完整、综合的案例，让学生了解怎样使用 C 语言解决一个实际问题，各功能模块如何组合成为一个系统。

（2）为系统添加、完善一部分功能，掌握 C 语言结构化程序设计方法。

（3）熟练掌握排序算法。

（4）熟悉文件的读写技术。

18.2　实验要求

本案例展示一个小学生成绩管理的简单系统，采用标准 C 语言来实现。

系统功能描述：

某小学要求在学生考试结束后，对考试成绩进行简单的处理和统计。功能包括成绩的输入、删除、修改、查找、排序、统计、保存到文件等。学生的考试科目有语文、数学和外语三科。学生基本信息包含学号、姓名两项。学生总人数不超过 1000 人。一个学生的所有信息（包括基本信息、成绩等）为一条记录。

主要功能列举如下：

（1）输入若干条学生成绩记录（包括学号、姓名、各科成绩）。

（2）显示所有记录。

（3）计算每个学生的总分。

（4）按姓名查找并显示相应的记录。

（5）按学号查找并删除相应的记录。

（6）输出各个科目的统计信息（最高分、平均分、及格率、优秀率等）。

（7）将数据保存到文本文件中。

（8）从文本文件中读取数据。

18.3 设计思路

1. 主要的数据存储方式

该程序主要处理学生成绩。学生成绩数据比较多,而每个学生的信息都具有相同的结构,这种情况最适宜采用结构体数组进行存储。因为已经知道学生人数不超过 1000 人,所以只需要定义元素个数为 1000 的结构体数组即可。为了适当增加灵活性,可以将学生人数的最大值定义为一个常数。如果学生人数不能预测,则需要利用动态内存分配技术和链表等,复杂度会增加。

结构体定义:注意包含学生基本信息、三科成绩,另外还要一个总分字段。

```
#define MAX_STUDENT_COUNT 1000
typedef struct                                   /* 定义结构体数组 */
{
    int num;                                     /* 学号 */
    char name[20];                               /* 姓名 */
    double chi;                                  /* 语文 */
    double math;                                 /* 数学 */
    double eng;                                  /* 英语 */
    double total;                                /* 总分 */
}Student;
Student Stud[MAX_STUDENT_COUNT];                 /* 结构体数组变量 */
int Student_Count;                               /* 学生记录数 */
```

由于整个程序功能主要是围绕这个结构体数组进行的,为了减少参数的传递,可以将变量定义为全局变量。

2. 主菜单设计

程序的功能比较多,为了方便用户操作,常用的方式是在进入程序后提供一个主菜单(列出程序提供的功能),让用户可以通过直观的方式选择要执行的功能。

主菜单的设计要注意,应该包含所有的系统功能,并且有快捷键执行相应的菜单。

根据本程序的功能,可以设计如图 18-1 所示的主菜单。

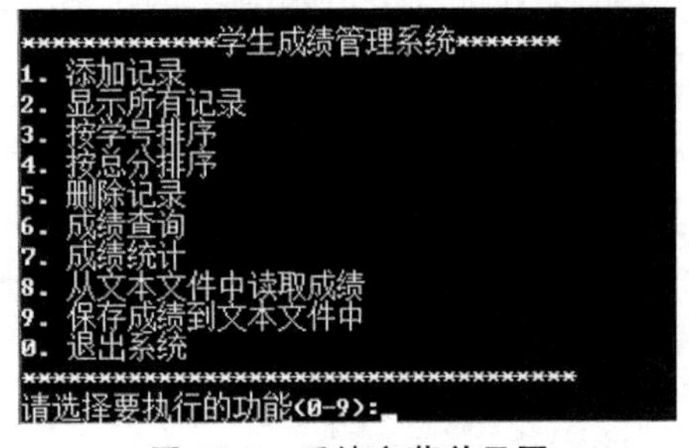

图 18-1 系统主菜单示图

用户在执行完一个功能后,往往还要继续执行另一个功能。此时需要循环地显示主菜单,输入用户的选择,并执行相应的功能。一般使用如下的循环实现:

```
while(choice!='0')
{
    //显示主菜单
```

```
    choice=getchar();
    switch(choice)
    {
        case '1':                                       //执行功能 1
            break;
        case '2':                                       //执行功能 2
            break;
        …
        case '0':
    }
}
```

设计好菜单显示的内容之后,只需要直接显示即可。

3. 数据的显示

在程序的多处地方都需要显示数据,一些地方需要显示多条记录,而另外一些地方则需要显示单条记录。该程序对多条记录和单条记录均采用统一的输出格式,方便了程序的编写。

显示方法为首先显示统一的表头,然后依次显示每一条记录的内容。

4. 文本文件格式的设计

程序需要输出数据到文本文件中,并且要求还能够从文本文件中读取数据。如果设计不合理,会导致生成的数据文件无法正确读取出来等问题。

为了方便数据的写入和读取,这里采用文本文件格式。格式如下:

```
<记录总数>
<学号>
<姓名>
<语文>,<数学>,<英语>
…
<学号>
<姓名>
<语文>,<数学>,<英语>
```

例如,一个数据文件内容:

```
3
100
Zhang3
98,67,53
101
Li4
65,92,84
102
Wang5
93,84,97
```

文本数据文件的生成和读取都按照这一格式来进行，在文本文件的最开始处放置记录的个数，是为了方便数据的读取。

5. 使用 fflush 函数清空文件缓冲区

程序经常需要从键盘读入一个字符的命令。如果在 getchar()之前，输入缓冲区中还有一些未被读取的字符，会导致 getchar()直接读取用户以前输入的尚未被读取的字符，甚至包括用户输入的回车符。因此，在需要获取用户最新输入的字符时，需要首先清空标准输入文件(stdin，一般对应输入的键盘)输入缓冲区的内容。

清空键盘输入缓冲区的方法是调用 fflush(stdin)。stdin 是预先打开的标准输入文件的文件指针。

6. 程序主要函数原型和说明

(1) void display_menu()。

功能：显示系统的主菜单。

(2) void display_header()。

功能：显示记录的标题。

(3) void display_a_record(Student * pstud)。

功能：显示一条记录的记录体。通过结构体指针传递参数，可以减少参数传递的开销。

(4) void display_all_record()。

功能：显示全局变量中的所有记录。实现主菜单中“显示所有记录”的功能。

(5) Student input_a_record()。

功能：输入单个学生的记录，并返回该记录。

(6) void input_record()。

功能：添加记录。函数会循环提示用户输入学生信息，并逐条记录添加到全局结构体数组变量 Stud 中。实现主菜单中的功能“添加记录”。

(7) void calc_total()。

功能：计算所有记录的总分。总分为三科成绩的和。在显示记录和排序之前，都需要计算总分。

(8) void sort_by_num()。

功能：按学号排序。将学生记录按照学号由小到大的顺序排列。

(9) void sort_by_total()。

功能：按总分排序，将学生记录按照总分由大到小的顺序排列。

(10) int Delete_record_by_num(int num)。

功能：在学生记录中删除学号为 num 的记录。

(11) void Delete_a_record()。

功能：删除记录。首先输入要删除的学生的学号，然后删除该学号对应的学生记录。对应主菜单“删除记录”的功能。

(12) Student * query_a_record_by_name(char * name)。

功能：在学生记录数组中查找指定姓名的学生记录。如果找到，则返回该记录的指针,否则返回空指针 NULL。

(13) void query_a_record()。

功能:输入一个学生的姓名,找到并显示匹配的学生记录。

(14) void Statistic()。

功能:计算并输出所有学生记录的统计值,主要包括各科平均分和最高分。

(15) void read_textfile()。

功能:从文本文件中输入学生记录。

(16) void write_textfile()。

功能:将所有记录输出到文本文件中。

18.4 实验内容

1. 只包含"添加记录"和"显示记录"两项功能的程序

程序代码如下:

```
#include<stdio.h>
#include<stdlib.h>
#include<ctype.h>
#include<string.h>
#define max_STUDENT_COUNT 1000

typedef struct                                  /*定义结构体数组*/
{
    int num;                                    //学号
    char name[20];                              //姓名
    double chi;                                 //语文
    double math;                                //数学
    double eng;                                 //英语
    double total;                               //总分
} Student;

//主要的全局变量
Student Stud[MAX_STUDENT_COUNT];                //结构体数组变量*/
int Student_Count;                              //学生记录的个数*/

void display_menu()
{
    printf("\n\n\n");
    printf("*************学生成绩管理系统*******\n");
    printf("1.添加记录\n");
    printf("2.显示所有记录\n");
    printf("3.按学号排序\n");
    printf("4.按总分排序\n");
```

```
    printf("5. 删除记录\n");
    printf("6. 成绩查询\n");
    printf("7. 成绩统计\n");
    printf("8. 从文本文件中读取成绩\n");
    printf("9. 保存成绩到文本文件中\n");
    printf("0. 退出系统\n");
    printf("************************************\n");
    printf("请选择要执行的功能(0-9):");
}

void display_header()
{
    printf("学号姓名              语文数学英语总分\n");
}

void display_a_record(Student * pstud)                  //输出单个记录
{
    printf("%5d %-20s %5.1f %5.1f %5.1f %5.1f\n",
        pstud->num,
        pstud->name,
        pstud->chi,
        pstud->math,
        pstud->eng,
        pstud->total);
}

void display_all_record()                               /* 显示所有记录 */
{
    int i;
    display_header();
    for(i=0;i<Student_Count;i++)                        /* 循环输入 */
    {
        display_a_record(&Stud[i]);
    }
}

Student input_a_record()
{
    Student t={0,"",0,0,0,0};

    printf("学号:");                                    /* 交互输入 */
    scanf("%d",&t.num);
    printf("姓名:");
    scanf("%s",t.name);
```

```
    printf("语文:");
    scanf("%lf",&t.chi);
    printf("数学:");
    scanf("%lf",&t.math);
    printf("英语:");
    scanf("%lf",&t.eng);
    return t;
}

void input_record()                                    //输入若干条记录
{
    char choice='y';
    while(choice=='Y' || choice=='y')                  //判断
    {
        Stud[Student_Count]=input_a_record();
        printf("还有更多的记录吗? (Y/N)");
        Student_Count++;

        fflush(stdin);                                 //清除输入缓冲区
        choice=getchar();
    }
}

void calc_total()                                      // 计算总分
{
    int i;
    for(i=0; i<Student_Count;i++)
    {
        Stud[i].total=Stud[i].chi +Stud[i].math +Stud[i].eng;
    }
}

void main()                                            //主函数
{
    int n=0;
    char choice=' ';
    while(choice !='0')
    {
        display_menu();
        fflush(stdin);                                 //清空输入缓冲区
        choice=getchar();
        switch(choice)
        {
            case '1':                                  //添加记录
```

```
                input_record();
                display_all_record();
                break;
        case '2':                                       //显示所有记录
            calc_total();
            display_all_record();
            break;
        case '0':
            printf("感谢您使用本程序,再见!\n");          /* 结束程序 */
        }
    }
}
```

阅读该程序,请思考如下问题:

(1) 主函数中的循环在满足什么条件的情况下退出?

(2) 程序中,哪些地方执行了清除输入缓冲区?

(3) 如果需要实现程序中的其他功能,应该在什么位置补充内容?

2. 给程序增加功能 3(按学号排序并输出)

执行排序的函数定义如下:

```
void sort_by_num()                                      //按学号排序
{
    int i,j;
    Student t;

    for(i=0;i<Student_Count-1;i++)                      /* 冒泡法排序 */
        for(j=0;j<Student_Count-1-i;j++)
            if( Stud[j].num>Stud[j+1].num)
            {
                t=Stud[j];
                Stud[j]=Stud[j+1];
                Stud[j+1]=t;
            }
}
```

将函数定义添加到程序中适当的地方,并在主函数的 switch 语句中添加如下分支:

```
case '3':                                               //按学号排序
    calc_total();
    sort_by_num();
    display_all_record();
    break;
```

问题:当执行功能 3 时,程序执行几个分支功能?

练习:完成功能 4(按学生总分排序)。

3. 给程序添加功能5(删除指定学号的学生记录)

程序代码如下：

```
int Delete_record_by_num(int num)                    /* 按姓名查找,删除一条记录 */
{
    int i,j;
    int found=-1;                                    /* 记录查找到的记录下标 */

    for(i=0; i<Student_Count; i++)
    {
        if (Stud[i].num==num)
        {
            found=i;
            break;
        }
    }

    if (found !=-1)
    {
        for(j=found;j<Student_Count-1;j++)           /* 删除操作 */
        {
            Stud[j]=Stud[j+1];
        }
        Student_Count--;
        return 0;
    }
    return(-1);
}

void Delete_a_record()
{
    int num;
    printf("请输入要删除的学生学号:");                 /* 交互式问寻 */
    scanf("%d",&num);
    if (Delete_record_by_num(num)==0)
        printf("删除成功");
    else
        printf("删除失败");
}
```

思考题：程序中利用两个函数的调用完成删除功能。这样分离为两个函数是否便利？如果只用一个函数能否完成相同的功能？

练习：完成功能6(成绩查询)，输入一个学生的姓名，输出姓名相匹配的学生记录。

4. 添加功能7(成绩统计)

程序代码如下：

```
void Statistic() /* 输出统计信息 */
{
    int i;
    Student max={-1,"最高分",0,0,0,0},aver={-1,"平均分",0,0,0,0};

    for(i=0; i<Student_Count; i++)
    {
        aver.chi+=Stud[i].chi;
        aver.math+=Stud[i].math;
        aver.eng+=Stud[i].eng;
        aver.total +=Stud[i].total;

        if(Stud[i].chi>max.chi) max.chi=Stud[i].chi;
        if(Stud[i].math>max.math) max.math=Stud[i].math;
        if(Stud[i].eng>max.eng) max.eng=Stud[i].eng;
        if(Stud[i].total>max.total) max.total=Stud[i].total;
    }

    aver.chi=aver.chi / Student_Count;
    aver.math=aver.math / Student_Count;
    aver.eng=aver.eng / Student_Count;
    aver.total=aver.total / Student_Count;


    display_header();
    display_a_record(&max);
    display_a_record(&aver);
}
```

练习：完善功能 7（“成绩统计”），增加计算并显示各科及格率和优秀率的功能。

5. 添加功能 8（从文本文件中读取数据）

函数定义如下：

```
void read_textfile()                                /* 从文件中读入数据 */
{
    int i=0;
    FILE * fp;                                      /* 定义文件指针 */
    char filename[50];

    printf("请输入读取的文件名(缺省为 students.txt):\n");
    fflush(stdin);
    gets(filename);
    if( strcmp(filename,"")==0)
    {
        strcpy(filename,"students.txt");
```

```
    }

    if((fp=fopen(filename,"r"))==NULL)          /*打开文件*/
    {
        return(-1);
    }

    fscanf(fp,"%d",&Student_Count);             /*读入总记录量*/
    for(i=0; i<Student_Count; i++)              /*循环读入数据*/
    {
        fscanf(fp,"%d",&Stud[i].num);
        fscanf(fp,"%s",Stud[i].name);
        fscanf(fp,"%lf,%lf,%lf",&Stud[i].chi,&Stud[i].math,&Stud[i].eng);
    }

    fclose(fp);                                  /*关闭文件*/
}
```

练习：完成 write_textfile 函数的功能，并完善程序的功能 9（保存成绩到文本文件中）。要求所生成的文件格式符合项目的要求，能够被功能 8（“从文本文件中读取成绩”）重新正确读入。

实验 19　综合案例 2——人力资源管理系统

19.1　实 验 目 的

(1) 在给定系统功能模块、数据结构和算法、函数说明的情况下，要求学生完成一家公司的人力资源管理系统，学生必须具备需求分析、模块设计、系统集成的基本能力。

(2) 要求学生熟悉结构体的声明、定义和使用。

(3) 熟悉链表及文件的操作技术。

19.2　实 验 要 求

本案例要求学生使用标准 C 语言，编程实现一家公司的人力资源管理系统。

人力资源管理系统的主要任务是对公司的人力资源信息进行整合、处理，使之能方便快捷地进行信息查询、统计、更新，并能按照一定要求输出报表。该系统能够实现公司人力资源管理工作的系统化、规范化、自动化，提高企业人力资源管理的效率。

本系统具有信息查询、输入新员工的信息、删除员工信息和浏览员工信息等功能，主要模块如下：

(1) 主界面：提供管理系统的主界面，是系统的唯一入口，该界面提供增加信息、修改信息、删除信息、查询信息、信息排序等模块的链接。

(2) 增加信息模块：主要功能是输入新员工的信息。

(3) 修改信息模块：主要功能是修改指定员工的信息。

(4) 删除信息模块：主要功能是删除指定员工的信息。

(5) 查询信息模块：提供查询符合某一条件的人力资源信息，也可以显示全部员工信息。

(6) 信息排序模块：可浏览所有员工的资源信息，并以指定的关键字进行排序显示。

(7) 退出系统并将信息写入文件，该文件保存在程序的根目录下，并命名为 employee. txt 系统的函数调用图，如图 19-1 所示。

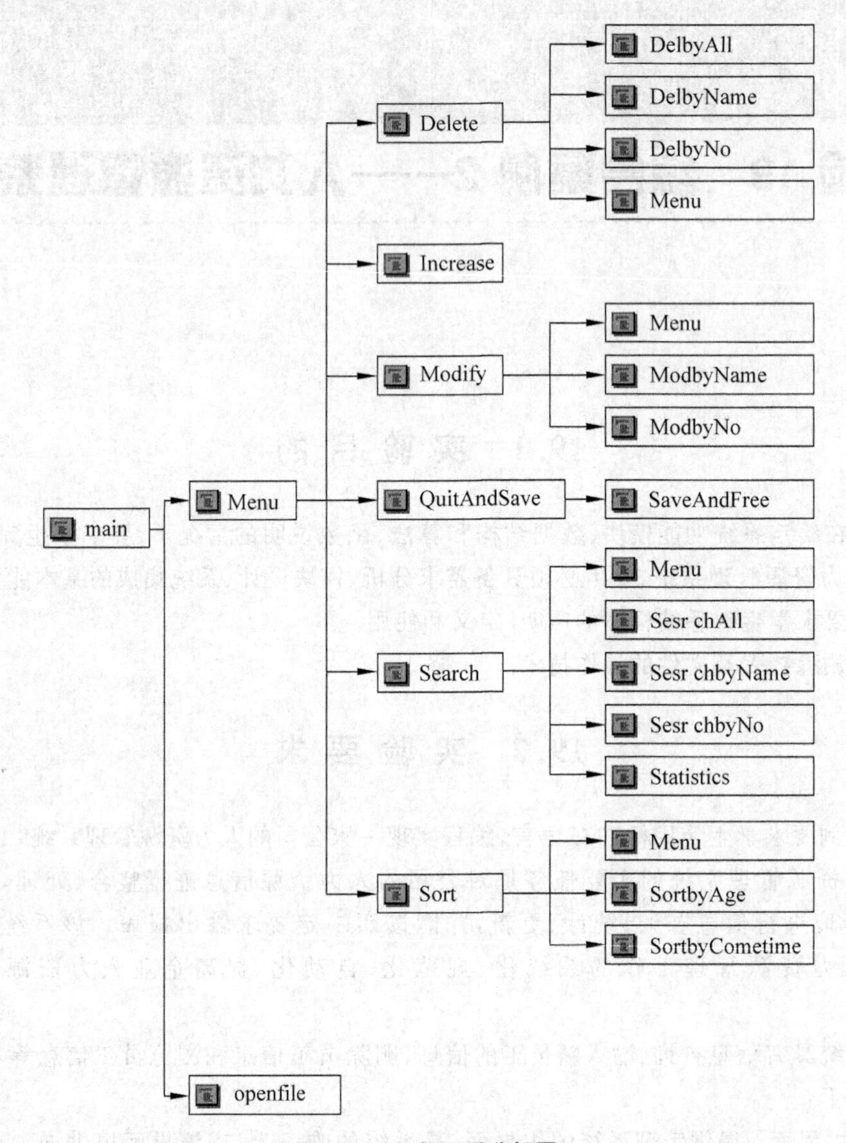

图 19-1 函数调用分解图

在代码设计时，要求能实现各功能模块，并提供返回上一级菜单的功能。

19.3 数据结构

本系统使用链表来存储员工的信息，链表中的结点由结构体 employee 构成，employee 成员如图 19-2 所示。

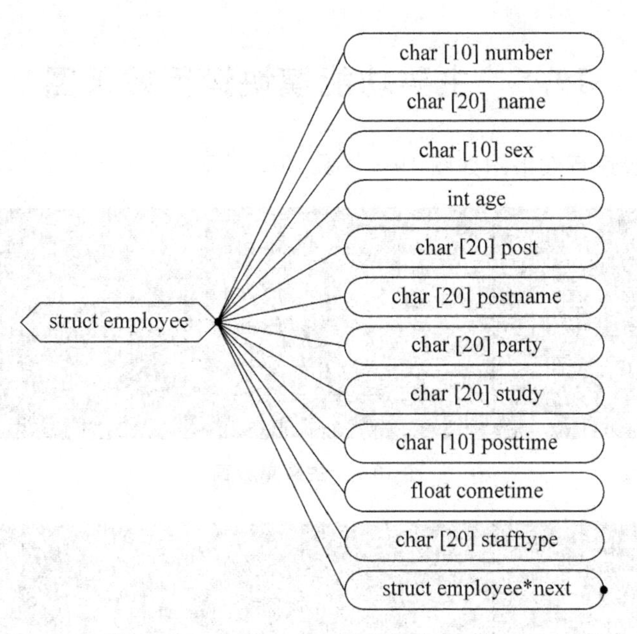

图 19-2　employee 结构体成员图

19.4　主要函数声明与功能说明

1. 登录界面函数 Menu()

功能：提供系统的各功能模块的选择界面，要求简洁美观大方，各功能模块界面都必须提供返回上一级目录的功能。

2. 浏览函数 Sort()

功能：以报表的信息输出所有员工的信息，提供浏览并能以关键字进行排序，比较年龄或工龄。

3. 查询函数 Search()

功能：输入员工的职工号或姓名，显示该员工的所有信息。

4. 删除函数 Delete()

功能：输入员工的工号或姓名，删除该员工的所有信息。

5. 添加函数 Increase()

功能：提供录入新员工信息的功能。

6. 修改函数 Modify()

功能：以姓名或工号为询方式，对员工信息进行修改。

7. 退出保存函数 QuitAndSave()

功能：退出系统并将信息写入文件保存到磁盘。

8. 打开文件 OpenFile()

功能：提供打开磁盘文件的功能。

19.5 主要功能模块运行效果图

主要功能模块运行效果图如图 19-3～图 19-7 所示。

```
 -----------------------------------------
|          ♥ SISE人力资源管理系统♥         |
|-----------------------------------------|
|          ◆ 1->增加员工信息                |
|          ◆ 2->修改员工信息                |
|          ◆ 3->删除员工信息                |
|          ◆ 4->查询统计信息                |
|          ◆ 5->员工信息排序                |
|          ◆ 0->退出     程序               |
 -----------------------------------------
请选择相应的操作......
```

图 19-3　主菜单界面

```
 ----------------------------------------------
|          ♥ 欢迎使用信息修改功能 ♥              |
 ----------------------------------------------
|          ◆ 1--->按编号修改信息                 |
|          ◆ 2--->按姓名修改信息                 |
|          ◆ 0--->返 回 主 菜 单                 |
 ----------------------------------------------
请选择相应的操作......1
请输入员工的Number:1003
将要修改的员工信息为:
**********************************************************
编  号          姓  名          性  别          年  龄
1003            刘小雪          女              25
-----------------------------------------
职  务          级 别           政  貌          学  历
经理            高级            群众            硕士
----------------------------------------------------------
任职时间                入职时间                员工类别
2012            2008.0634               售前工程师
----------------------------------------------------------
**********************************************************
输入编号:
```

图 19-4　信息修改

```
|          ♥ 欢迎使用信息删除功能 ♥              |
 ----------------------------------------------
|          ◆ 1--->按编号删除信息                 |
|          ◆ 2--->按姓名删除信息                 |
|          ◆ 3--->删除 全部 信息                 |
|          ◆ 0--->返 回 主 菜 单                 |
 ----------------------------------------------
请选择相应的操作......1
请输入员工的Number:1001
将要删除的员工信息为:
**********************************************************
编  号          姓  名          性  别          年  龄
1001            李明            男              23
-----------------------------------------
职  务          职  称          政  貌          学  历
工程师          中级            群众            大学
----------------------------------------------------------
任职时间                入职时间                员工类别
1999            1987.1223               研发
----------------------------------------------------------
**********************************************************
是否确定删除(y/n)?
y
======提示:资料删除成功!======
请按任意键继续. . .
```

图 19-5　信息删除

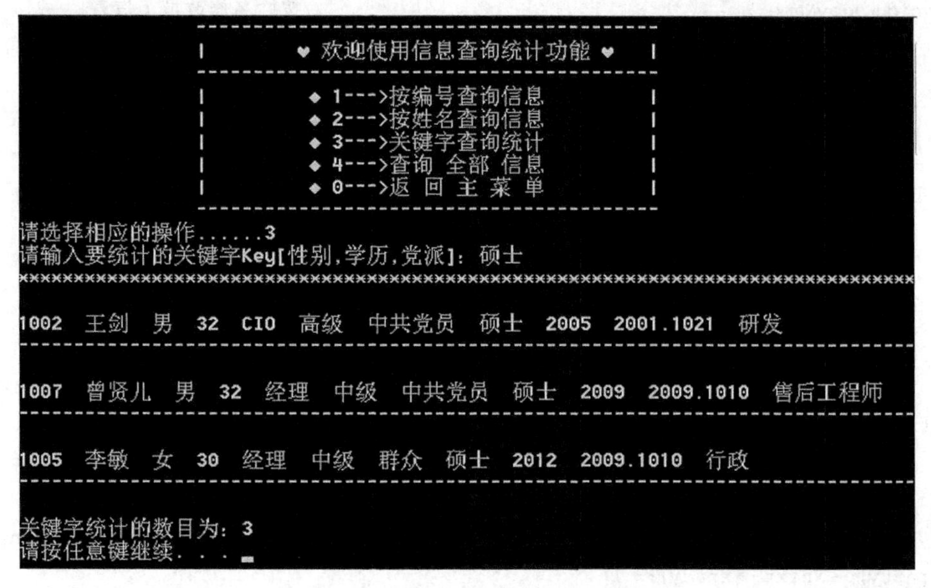

图 19-6　按关键字进行信息统计

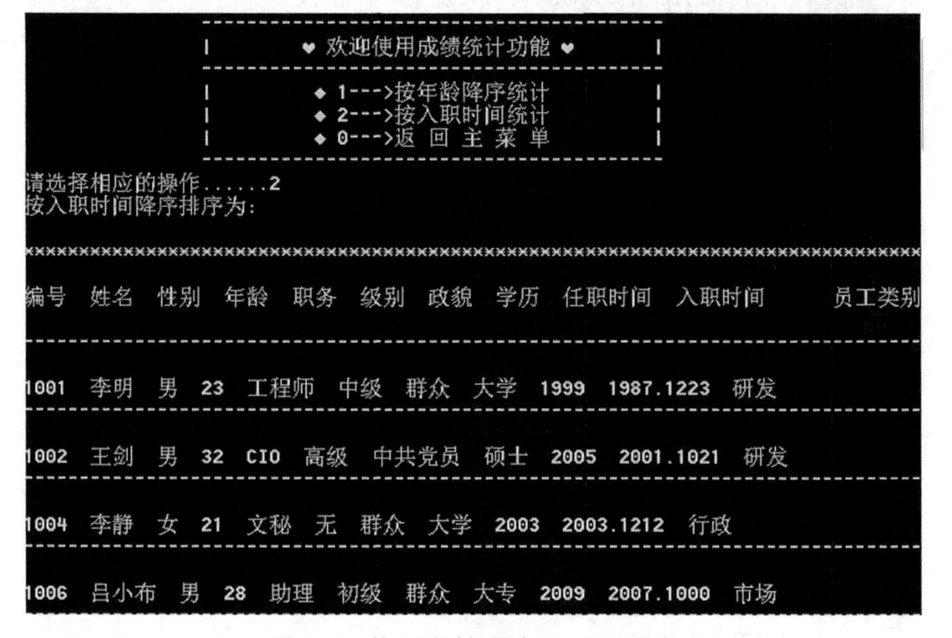

图 19-7　按入职时间排序显示员工信息

19.6　链 表 操 作

这里以修改信息和查找信息操作为例，介绍链表操作。关于 employee 的相关操作同学们可以举一反三。

```
void ModbyName()                                    //按姓名修改员工信息
{
    MAN * p=FindbyName();
    if(p==NULL)
    printf("对不起,没有找到该员工!\n");
    else
    {
        printf("将要修改的员工信息为:\n");
        printf("*******************************************************\n");
        printf("编  号\t\t姓 名\t\t性  别\t\t年  龄\n");
    printf("%s\t\t%s\t\t%s\t\t%d\n",p->next->number,p->next->name,p->next->
sex,p->next->age);
        printf("--------------------------------------------\n");
        printf("职  务\t\t职  称\t\t政  貌\t\t学  历\n");
    printf("%s\t\t%s\t\t%s\t\t%s\n",p->next->post,p->next->postname,p->next-
>party,p->next->study);
        printf("--------------------------------------------\n");
        printf("任职时间\t\t入职时间\t\t员工类别\n");
        printf("%s\t\t%.4f\t\t%s\n",p->next->posttime,p->next->cometime,p->
next->stafftype);
        printf("--------------------------------------------\n");
        printf("*******************************************************\n");
        printf("输入编号: ");                          /*输入数据*/
        fflush(stdin);
        scanf("%s",p->next->number);
        printf("输入姓名: ");
        fflush(stdin);
        scanf("%s",p->next->name);
        printf("输入性别: ");
        scanf("%s",p->next->sex);
        printf("输入年龄: ");
        fflush(stdin);
        scanf("%d",&p->next->age);
        fflush(stdin);
        printf("输入职务: ");
        fflush(stdin);
        scanf("%s",p->next->post);
        printf("输入级别: ");
        fflush(stdin);
        scanf("%s",p->next->postname);
        printf("输入政治面貌: ");
        fflush(stdin);
```

```
        scanf("%s",p->next->party);
        printf("输入最高学历: ");
        fflush(stdin);
        scanf("%s",p->next->study);
        printf("输入任职时间: ");
        fflush(stdin);
        scanf("%s",p->next->posttime);
        printf("输入入职时间: ");
        fflush(stdin);
        scanf("%f",&p->next->cometime);
        printf("输入员工类别: ");
        fflush(stdin);
        scanf("%s",p->next->stafftype);
        printf("\n======资料修改成功!======\n");
    }
    system("pause");
}
M AN * FindbyName()                          //按姓名查找员工信息
{
    char Name[20];                           /* 临时姓名字符串 */
    MAN * p=NULL;
    if(head==NULL)                           /* 判断是否有数据 */
    {
        printf("没有记录,请输入记录后,在使用本功能!\n");
        system("pause");
        Menu();
        return NULL;
    }
    printf("请输入员工的 Name:");
    fflush(stdin);
    scanf("%s",Name);
    for(p=head;p->next!=NULL;p=p->next)
    {
        if(!strcmp(p->next->name,Name))      /* 判断其他的节点 */
            return p;
    }
    return NULL;                             /* 没有找到用户,返回 NULL 指针 */
}
```

19.7　数据文件操作

所以员工信息均保存于程序当前目录下,文件名为 employee.txt,直接用记事本可以打开该数据文件,如图 19-8 所示。

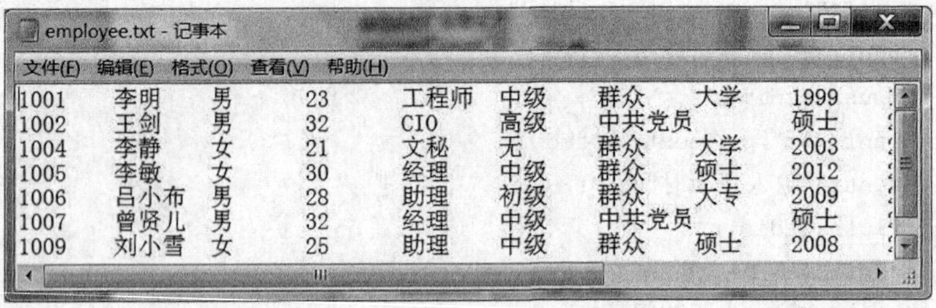

```
employee.txt - 记事本
文件(F) 编辑(E) 格式(O) 查看(V) 帮助(H)
1001    李明    男    23    工程师    中级    群众    大学    1999
1002    王剑    男    32    CIO    高级    中共党员        硕士
1004    李静    女    21    文秘    无    群众    大学    2003
1005    李敏    女    30    经理    中级    群众    硕士    2012
1006    吕小布    男    28    助理    初级    群众    大专    2009
1007    曾贤儿    男    32    经理    中级    中共党员        硕士
1009    刘小雪    女    25    助理    中级    群众    硕士    2008
```

图 19-8 employee.txt

```
void Openfile()
{
    FILE * fp;
    MAN * p1=NULL, * p2=NULL, * temp=NULL;
    if((fp=fopen("employee.txt","r"))==NULL)
    {//文件不存在,表明第一次使用本程序
        printf("\n\t***************欢迎使用 SISE 人力资源管理系统**************\n");
        return;
    }
    if(fp=fopen("employee.txt","r"))
{                                                    //文件已存在,则提醒用户继续

    printf("\n\t***************已找到数据文件!***************\n");

}
    head=(MAN * )malloc(sizeof(MAN));
    head->next=NULL;
    temp=p2=head;
    while(!feof(fp))                                //* 循环读取文件数据
    {
        p1=(MAN * )malloc(sizeof(MAN));
        fscanf(fp,"%s\t%s\t%s\t%d\t",p1->number,p1->name,p1->sex,&p1->age);
        fscanf(fp,"%s\t%s\t%s\t%s\t",p1->post,p1->postname,p1->party,p1->study);
        fscanf(fp,"%s\t%f\t%s\n",p1->posttime,&p1->cometime,p1->stafftype);
        temp=p2;
        p2->next=p1;
        p2=p1;
    }
    temp->next=NULL;
    fclose(fp);
}

/***********输出信息到文件 And 释放链表空间 **********/
void SaveAndFree()
{
```

```
    MAN * p=NULL;
    FILE * fp;
    if(head==NULL)
    {
        printf("\n 纪录为空!\n");
        return;
    }
    else
    {
        p=head->next;
        if((fp=fopen("employee.txt","w"))==NULL) /* 出错检测 */
    {
        printf("\n 打不开文件!\n");
        return;                                  /* 错误处理,退出函数 */
    }
    while(p!=NULL)
    {
        fprintf(fp,"%s\t%s\t%s\t%d\t",p->number,p->name,p->sex,p->age);
        fprintf(fp,"%s\t%s\t%s\t%s\t",p->post,p->postname,p->party,p->study);
        fprintf(fp,"%s\t%.4f\t%s\n",p->posttime,p->cometime,p->stafftype);
        p=p->next;
    }
        printf("保存完毕!\n");
        fclose(fp);
    }
    /*****释放链表空间***/
    for(;head->next !=NULL; )                   /* 删除除头条目以外所有申请空间 */
    {
        p=head->next;
        head->next=head->next->next;
        free(p);
    }
    free(head);                                  /* 删除头条目空间 */
}
```

参 考 文 献

[1] 谭浩强. C程序设计(第四版). 北京：清华大学出版社,2010.

[2] 谭浩强. C程序设计(第四版)学习辅导. 北京：清华大学出版社,2010.

[3] 何钦铭. C语言程序设计经典实验案例集. 北京：高等教育出版社,2012.

[4] 苏小红,车万翔,王甜甜. C语言程序设计学习指导. 第2版. 北京：高等教育出版社,2013.

[5] 程大伟,厉鹏,吕承通等. IT行业求职指南——致学弟学妹们的IT名企面试锦囊. 北京：电子工业出版社,2012.

[6] Stanley B Lippman,Josee Lajoie,Barbara E Moo. C++ Primer中文版. 第5版. 王刚,杨巨峰译. 北京：电子工业出版社,2013.